景迈山

古茶林文化景观

主编 左靖

上海人民美術出版社

图书在版编目(CIP)数据

景迈山：古茶林文化景观 / 左靖主编. -- 上海：上海人民美术出版社, 2024.2

ISBN 978-7-5586-2832-0

Ⅰ. ①景… Ⅱ. ①左… Ⅲ. ①茶树-文化-澜沧拉祜族自治县 Ⅳ. ①S571.1-05

中国国家版本馆CIP数据核字(2023)第206245号

出版人：侯培东

统　筹：邱孟瑜

景迈山：古茶林文化景观

主　　编：左　靖

执行主编：王彦之

装帧设计：杨林青

责任编辑：张乃雍

责任校对：张　燕

技术编辑：齐秀宁

审　　校：李丽峰　王盼盼

　　　　　周航宇　马海燕

出版发行：上海人民美術出版社

　（地址：上海市闵行区号景路159弄A座7F　邮编：201101）

网　　址：www.shrmbooks.com

印　　刷：上海雅昌艺术印刷有限公司

开　　本：720×1000　1/16　26.5印张

版　　次：2024年2月第1版

印　　次：2024年2月第1次

书　　号：ISBN 978-7-5586-2832-0

定　　价：198.00元

上海文化发展基金会资助项目

序

方李莉

中国艺术研究院艺术人类学研究所原所长，现任东南大学艺术学院特聘首席教授，东南大学艺术人类学与社会学研究所所长、博士生导师，英国杜伦大学人文学院客座高级研究员，中国艺术人类学学会会长，国家非物质文化遗产专家委员会委员，联合国教科文组织中国委员会咨询专家。

近日，笔者看到一则消息：世界遗产中心网站（whc.unesco.org）更新了对2023年申报项目的评估结果，其中中国申报项目“普洱景迈山古茶林文化景观”获得推荐！“景迈山”是一个我熟悉的名字，2019年的春天我去过那里。去那里的原因是左靖老师当时正在为当地政府做申报世界文化遗产的前期准备工作，主要做的是乡土文化的梳理和展陈工作，其间邀请了包含建筑师、艺术家、导演、摄影师、插画师、设计师、人类学和经济学专家、生态保护工作者、茶文化和茶产业工作者等各行各业的数十位专家共同参与。在这期间他带领团队围绕着调研、出版、展览、空间改造、产品研发等内容展开工作。其承担的景迈山项目当时已经做了三年，初步确立了“服务社区、地域印记、联结城乡”的工作原则，并探索出“关系生产、空间生产、文化生产、产品生产”的乡村建设的方法步骤，后来，他又将这些原则和方法用在其他的乡村建设项目上，都获得了一定的影响力。这次，“普洱景迈山古茶林文化景观”的项目能得到推荐，我想与左靖老师当年的努力是分不开的，在此我向他表示祝贺！

我和左靖老师相识是源于2019年受中国艺术研究院的委托，在中华世纪坛举办首届中国艺术乡村建设展，我担任策展人。作为一位人类学者，我从2015年开始关注到当时刚冒头的艺术乡建现象，当时我就敏感地意识到：今天的乡村建设应该区别于工业化时代的乡村建设。工业化时代是追求效率的时代，一切以物质建设为中心，但当下人类社会已经进入后工业化时代，这是一个知识化的时代，体验经济开始取代纯物质化的经济，在乡村建设中旅游业、文化产业占了相当的比重，这些经济都与文化、与艺术相关，还与非物质文化遗产以及地方性的传统文化相关。在这样的背景下，艺术乡建开始引起我的关注。乡村向来是人类学者的研究领域，其对乡村的了解程度要高于以往主要活动在城市里的艺术家。而且任何做艺术乡建的艺术家都必须了解乡村，了解村民的需求，同时还需要发掘乡村的传统资源等，这些工作都不等于艺术创作，需要做大量的田野考察和记录的工作，这些工作正是人类学者在乡村里的日常工作。为此，我觉得有必要搭建一个平台让艺术家和人类学者相互交流和学习。从2016年开始，我就以中国艺术研究院艺术人类学研究所为平台，每年召开一次研讨会，并于2019年春在中华世纪坛举办了“首届中国艺术乡村建设展”。

为了举办这一展览，我做了一年多的准备，精心选择了三位艺术家参展，左靖老师是其中的一位。左靖老师以前做的“碧山计划”在当时艺术乡建的领域里颇有影响。但当我联系他时，他提出是否可以展示他最新做的景迈山项目，当时我答应了。为了了解他的工作状况，2019年春，我和中央电视台的记者一起来到了景迈山。当时的景迈山已经在为申报世界文化遗产做准备，之所以有这样的自信，一方面是因为景迈山位于云南省普洱市澜沧拉祜族自治县惠民镇境内，在这片中国版图的“极边之地”，有着世界上年代最久、保存最好、面积最大的人工栽培型古茶林，除此之外还拥有其他丰富的自然资源；另一方面，景迈山的人文资源也非常丰富多元，汉族、傣族、布朗族、佤族和哈尼族共居于此，创造了各具特色的建筑、风俗和宗教等民族文化，吸引了许多做自然生态研究和文化生态研究的科学家和人文学者到当地做考察。有一些国外的学者因为在当地做研究爱上了这里的自然风光、文化和人，甚至在这里和当地人结婚，选择永久性地居住在这里。

但当时景迈山面临的巨大挑战是，随着现代化和全球化的发展，到此地旅游的人开始多了起来。当地人因为生产普洱茶，生活得到了改善，生活改善的当地人受到外来文化的影响，开始向往城市的生活方式。他们不再想住传统的房子，可如果村庄里的传统建筑都变成城市里的小洋楼，不仅人文景观会受到巨大的改变，文化习俗也没有了可以附着的文化空间，世界文化遗产的申报也就不可能实现。

左靖首先做的事情，就是带领一支团队对景迈山进行了近三年的田野调查。在这一过程中，他们了解到景迈山的村民几乎没有外出打工的，传统的文化体系也保存得很好。主要是因为这里盛产茶叶，村民们采茶、做茶、销售茶叶，生活富足，而围绕着茶叶产生的各种民俗活动也保留得很好，这是一套完整的文化体系。

富起来了的村民都希望能过更现代的生活，景迈山的村民也一样，他们想把传统的干栏式的木房改成随处可见的水泥式建筑。这也没有什么不对，但建筑是当地的人文景观，一旦改变，长期在这一自然环境中流传下来的人文景观就消失了，地方的特色也顿时不见了。对生活在这里的人们来讲，房子不仅是他们生活的物理空间，也是他们生活的精神空间，里面不仅有世俗性，还有神圣性。传统建筑里不仅有他们在居住，还有敬祖的精神文化依附在其中，许多文化礼仪就在室内空间举行。所以，传统建筑不仅具有功能性，还具有文化性。

因此，如何保留这些建筑以及当地乡村中所承载的文化价值体系，就成为进驻到这些村庄的左靖团队一直在思考的问题。为此，左靖团队将当地四栋传统的干栏式民居建筑做了功能性的改造，即外观和结构基本不改，但增加了房子的亮度和防水能力以及内部的区隔。另外，左靖团队与政府合作，将改造好的建筑作为样板房放在村里，供村民们观看，让他们认识到改造过的传统建筑和流行的水泥房子一样实用，且更美、更有特色，让村民们在提高自己生活质量时能多一种选择。

同时，他们还在被改造过的房子里注入文化展陈、社区教育与生活服务等功能。这个团队有建筑设计师、摄影师、画家、艺术家等，是一个名副其实的艺术团队。他们以不同的方式记录和整理了村庄的文化和历史，挖掘了乡村里最珍贵、最值得保留的文化传统与习俗。在这个过程中，他们拍了很多视频和图片，同时解剖了不同类型的传统建筑，制作了多种建筑模型，还画了许多的线描图。通过各种艺术手段，他们将乡村文化的美尽可能地发掘和展现出来。通过文化展陈，村民们可以参观和了解他们自己的文化。这样的展览就像是一面镜子，让村民们在镜子前第一次清楚地看到了自己，觉得自己原来这么美，这么有情趣，在这样的感受中他们找到了自信，也激发出了极大的创造力。

左靖老师在他的文章中写道："我们为翁基设计改造的四栋传统布朗族民居，既是展陈的载体，也是展陈的内容。它们将被植入文化展陈、社区教育和生活服务等功能，呈现'老屋新生'的多种可能。"

他将翁基的展览定位为对地方性知识的一个通俗的视听再现，一个被他称为"乡土教材式"的展览。以服务村民为宗旨，其内容既面向外来游客，更以本地村民为受众。展览以多元的表现形式，让村民以全新的视角来观看、体验经由外来文化艺术工作者进行适当转译后的当地人的生活、工作和休闲活动。通俗易懂的视听传达，让村民尤其是孩子更好地了解自己村寨的历史、文化，从而培养他们的文化自觉，实现乡村教育的功能。他将这一工作称为"空间改造"和"空间运营"，从目前的效果来看是非常成功和非常值得肯定的。

当下在中国的乡村建设中，艺术乡建已经成为一股非常重要的力量。切入的团队大致有三种类型：一种是从当代艺术的角度切入，一种是从设计的角度切入，还有一种是从文化的整体性的角度切入。我认为左靖老师属于第三种类型，因为他组织的是一个综合性的团队，最终取得的是多个学科合作的成果。他提出的"关系生产、空间生产、文化生产、产品生产'不仅具有创见性，还具有可实施性；不仅帮助了当地的经济和文化建设，最重要的是提高了当地人对自己文化的认知，加强了对自己文化的热爱和自信。

将这些研究成果出版成书，我认为是具有教育意义的，也是具有可借鉴意义的。

方李莉

2023年8月于北京

目 录

一

绪论

Introduction

◆ 景迈山遗产阐释展陈分布示意图

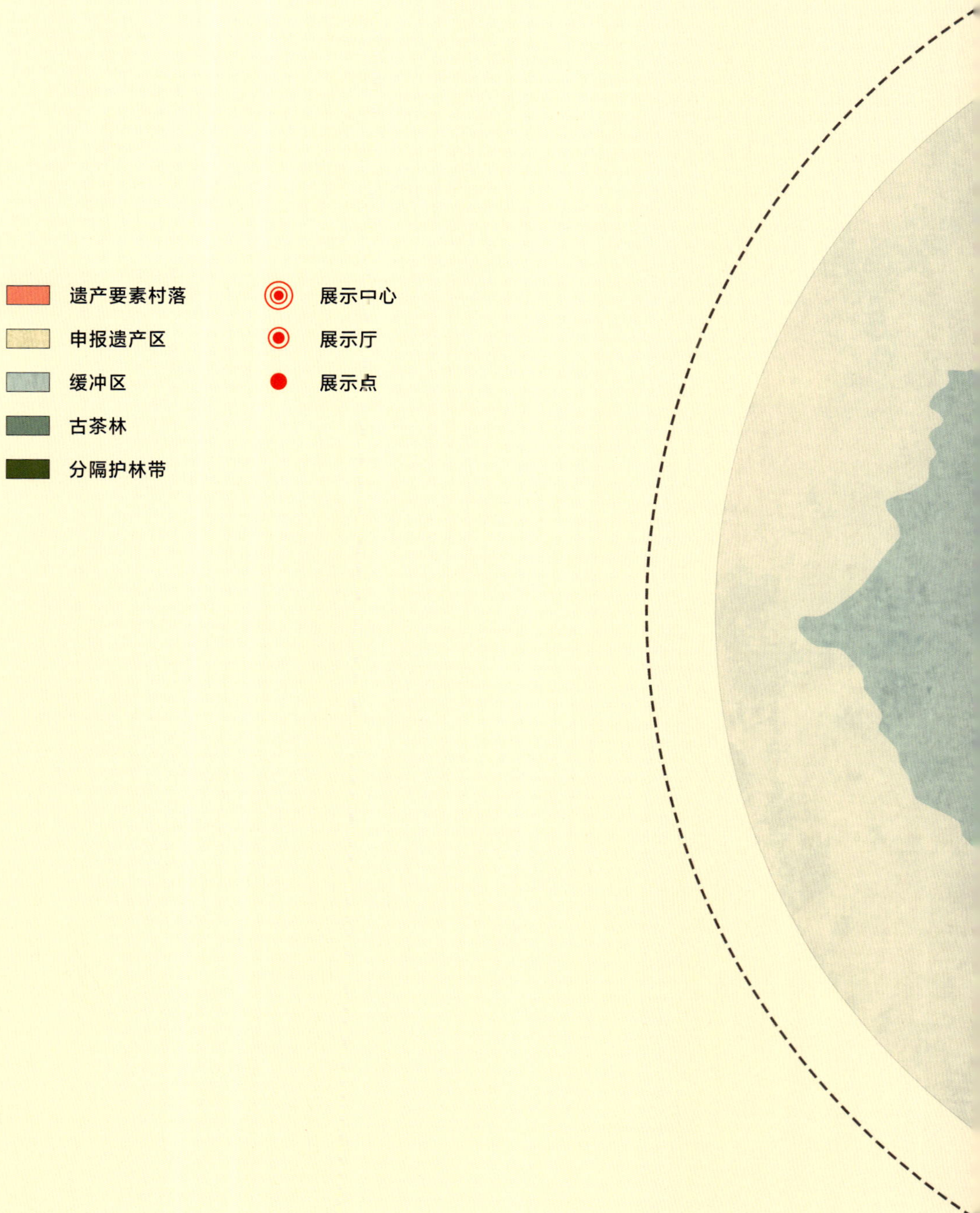

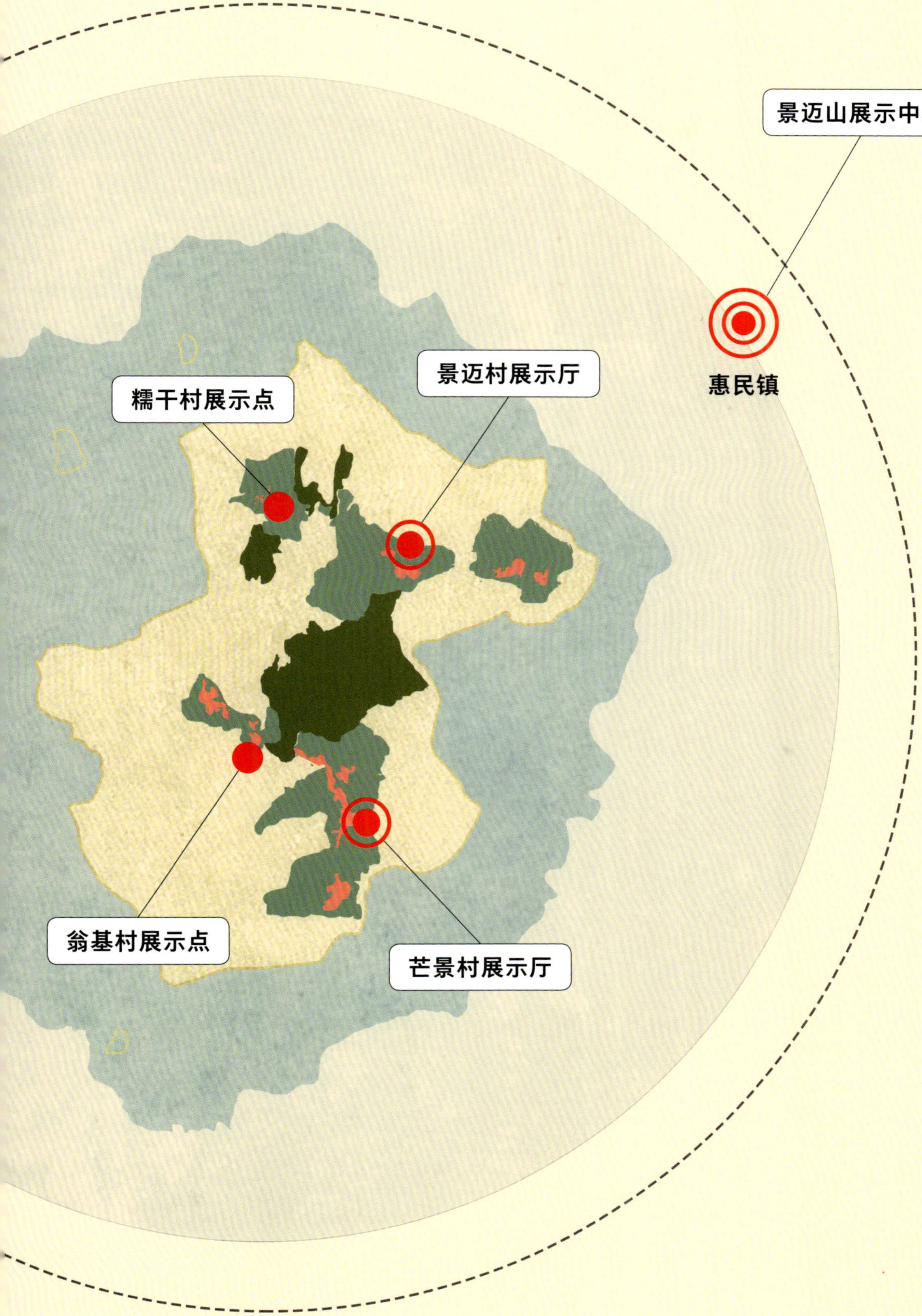

景迈山展示中心
惠民镇
景迈村展示厅
糯干村展示点
翁基村展示点
芒景村展示厅

景迈山的乡土文化梳理和展陈利用

左靖

景迈山，位于云南省普洱市澜沧拉祜族自治县惠民镇境内。在这片中国版图的“极边之地”，有着世界上年代最久、保存最好、面积最大的人工栽培型古茶林。千百年来，傣族、布朗族等民族共居于此。作为一个“地方”，景迈山上独具特色的建筑、风俗和宗教等少数民族文化，能激发我们的诸多想象。2012年11月，景迈山古茶林景观入选《中国世界文化遗产预备名单》。由“地方的”到引起世界关注，这意味着将有更多“他者”会介入景迈山的表述、解释与传播。

2016年下半年，受景迈山古茶林保护管理局的委托，我开始带领团队为景迈山及其范围内多个传统村落进行乡土文化梳理和展陈利用等工作，其间邀请了包含建筑师、艺术家、导演、摄影师、插画师、设计师、人类学和经济学专家、生态保护工作者、茶文化和茶产业工作者等各行各业的数十位专家共同参与，所产出的文化内容陆续在景迈山翁基、深圳、北京等地以展览的形式呈现，并在2019年10月的“茶文化景观保护研究和可持续发展国际研讨会”期间，又以主题展览的形式做了整体性的回顾。

近十年来，从“黟县百工”项目开始，我的乡建实践基本围绕着调研、出版、展览、空间改造、空间运营、产品研发等内容展开，在这个过程中，逐步确定了“服务社区、地域印记、联结城乡”的工作原则，以及“空间生产、文化生产、产品生产”的方法步骤，历经六年多的景迈山项目，亦遵循着以上的原则和方法而开展。

起点：作为“乡土教材”的“今日翁基”展览

在最初的整体构想中，景迈山项目是以文化梳理为基础，以内容生产为核心，以服务当地为目的，从一个村庄延续到整个区域，持续多年的项目。在接到委托之后，我们立即开始对景迈山上的15个村落进行具体的调研和文化梳理，用田野考察的方式对该地区的人文与自然生态、村落布局和居住空间、节庆风俗和日常生活，以及当地的经济生产等进行深入了解。最终我们选择了翁基作为起点，开始了一系列实际的地方营造工作。

翁基是隶属于惠民镇芒景村的一个自然村。作为布朗族世代聚居的村寨之一，翁基当前的人口仍以布朗族为主，共有居民89户、334人。相比于景迈山上因茶叶加工厂、茶叶晒棚等现代建筑的出现而对村寨风貌造成了一定冲击的其他寨子，翁基是将传统村落风貌保存得最为完好的布朗族村寨，传统民居比例高达98%。作为“空间生产”的核心内容，我们计划对该寨中的数栋干栏式建筑进行翻新，在保留其原有结构特征并增强其美学特色的同时，将它们改造为能够承担起更多具有当代性功能的公共或半公共空间。

我们一共改造了四栋房子，其中一栋被命名为翁基小展馆，作为展示当地文化和习俗的场地，还有一栋作为乡村工作站，另外两栋改造成民宿用来接待访客。团队在传统干栏式建筑的保暖、防水、防鼠、采光、隔音和卫生间的配置等方面进行了一些有益的探索，在保持并强化富有当地特色的建筑美感的同时，使里面的空间和设备更符合现代人的需要，希望这些探索能为村民在改造他们的房子时提供参考。

经过大约一年的工作，2017年10月14日，我们以“今日翁基”为名，在完工后的翁基小展馆展出了第一阶段的工作成果。展览以多媒体的形式展示了团队对翁基村民的生活状况和它所在地区的生态环境的研究成果，以及应邀而来的艺术家们以该地区的人、物和事为主题的创作作品。我们为翁基设计改造的四栋传统布朗族民居，既是展陈的载体，也是展陈的内容。它们将被植入文化展陈、社区教育和生活服务等功能，呈现“老屋新生”的多种可能。

翁基的展览，是我们对地方性知识的一个通俗的视听再现，是一个“乡土教材式”的展览。它既是一种文化梳理，又服务于乡土教育；既面向外来游客，又以村民为受众。展览通过文字、手绘插图、视频、照片、模型以及实际的建筑和室内设计（通过展馆本身和其他改造过的房子体现），为村民提供新的视角、空间和方式来观看和体验经由外来文化艺术工作人员阐释过的当地人们的生活、工作和休闲活动，进而让村民，尤其是孩子们去了解自己村寨的历史、文化，从而实现教育的功能。

对于这个展览，村民们的反馈非常积极，有不少人反复去看。老人看到自己出现在视频里，会羞涩又惊喜地捂着嘴笑。小孩会翻看展册，认里面的房子、用具和植物。还有人会带自己的亲戚朋友来，指着照片说哪个是自己。其他村寨的村民也会跑来看，还问为什么只有翁基有这样的展览，他们村里什么时候会有。村民不只是“看”，还会对内容提出意见。比如山上的安章（宗教活动场所管理人、宗教仪式活动主持人）和佛爷会一字一句地看我们的展册，讨论里面的傣文翻译。布朗族的文化学者、被称为“更丁”（唯一尊敬的人）的苏国文，之前就为我们提供了很多学术支持，开展后他细细地看了展览，还说以后要多跟我们讨论。另外有些村民问我们能不能在自己的家里或者厂房里也贴上这样的手绘，放上这样的视频，这样以后有客人问起关于茶和民族文化的东西，就可以直接让他们看这些内容。

“今日翁基”的另一个潜在受众群体是来访的游客，因而整个展览的内容和展示空间也成为当地文化旅游资源的新内容，作为一个常设的文化展览延续至今。这对培养村民的地方文化自觉和认同感无疑具有积极的意义。美国加州州立大学北岭分校教授、艺术史学者王美钦曾评价我们在景迈山的工作是“把该地区村民的民生民情、日常社会关系和精神需求，也就是在无数岁月的积累下形成的人与人之间、人与物之间、人与周边自然环境之间的关系加以整理、研究、表达和展示，在视觉、具体物理空间和社会心理各层面上加深村民对本地区的人文和地理环境、社会经济、历史、文化、美学等多方面的资源的认知。这种认知的积累自然会提高他们的文化自觉，并增强他们的社区认同感和文化归属感”。

生长：城市场域里的“另一种设计”

在“今日翁基’之后，我们的驻地工作依然在持续。与我们在其他地方进行的乡村建设项目一样，我们也积极地将有关景迈山的物质和非物质文化，以及团队工作的成果介绍给外面的世界，特别是城市文化圈，以增强城市与乡村之间的联系与互动，促进艺术参与乡村建设、地方营造的交流和讨论。景迈山项目先后参与了在深圳华·美术馆举办的“另一种设计”展览和北京中华世纪坛举办的“中国艺术乡村建设展”。

“另一种设计”展览于2018年6月30日在深圳华·美术馆开幕，策展人刘庆元和谢安宇基于对设计迥异于常规的思考，从当代设计艺术家工作室、民艺复兴及乡土文化保育、材料研发、人工智能与交互设计等领域选择了13个小组呈现“另一种设计”的设计观念，分为“工作室”“营造术”“实验室”三部分。景迈山项目位于“营造术”单元，与“仓东计划”“源美术馆”项目一同展出，共同呈现设计介入乡村的可能性。

景迈山项目展区是“另一种设计”展览中面积最大、形态最丰富的展区，包含另一种背景、概况、日常、茶林、人与物、建造、作品、经济研究与包装设计和拾遗九个单元，以绘本、摄影、视频、图解等视觉形式向城市观众全方位呈现景迈山地区的风物、历史、艺术与乡建成果。

“另一种设计”展览可以说是“今日翁基”的升级版，展览保留了关于景迈山的数据、风景和节庆的图表、村落和建筑的图示、百姓日用的形态、茶林生态绘本和室内改造等部分内容，同时也增加了针对城市观众的特别单元。

在一些工作中，我们借鉴了今和次郎“考现学”的方法，以“民间”“日常’或者“平民”为关键词，聚焦正在发生的生活现实，通过对村民生产生活的室外场景、室内环境，以及室内日用品的事无巨细的记录，来呈现当代布朗族人的生活方式和风俗民情。这样一种呈现方式最初是因为村民受教育程度不高，希望以“通俗的视听再现”来达到“乡土教材”的目的，而在城市的场景中，生动翔实的手绘则给观众一种身临其境的视觉冲击。

在“另一种背景”单元，多年从事布朗族口述与文字混合材料历史研究的美国学者布莱恩·斯科特·柯比斯（Brian Scott Kirbis，中文名岩柯）撰写的《围绕中国西南边陲的茶文化与乡土建筑的历史观察》一文，以及由他整理的18—20世纪的欧洲史料文献，有助于扩展和深入我们对18世纪以来中国西南边陲地区的社会文化生态的理解。

在“人与物”单元，我们选取了景迈山上不同身份的山民，有布朗族“王子”、佛爷、茶业商、民宿主人、酿酒师、乐手和医生等，展示了他们日常使用的几十件种类不同的物品，既有传统的竹烟筒、佛教器物、酿酒工具、民族服饰，也并存着kindle、智能手机和时尚杂志。观众既可近距离触摸到村民真切的生活细节，也能感受到在全球化的进程中，古老的乡村在新与旧的演进中的微妙变化。这些物品有关生产生活，有关信仰爱好，通过这些带有个人印记的物品，我们得以窥见景迈山中具有温度且最直观的物质与精神世界。

“作品”单元主要是骆丹、慕辰、何崇岳、龚慧、赵玉、姜山等艺术家驻村创作的“作品”。这些作品或许会被我们习惯性地称为“他者的凝视”——艺术家以各自独特、充满想象力的视角观察景迈山区域中各民族的生活语境，为观众提供了凝视景迈山的一种角度，一种关于地方性的想象，同时也希望观众可以通过他者来反观我们“自己”。

此外，“另一种设计”展览中还包含安徽大学农村改革与经济社会发展研究院专家对景迈山集体经济研究和升级转型的报告，纸贵品牌研究室对景迈山茶叶和其他农副产品的包装设计等成果。在展览的结尾，我还特别安排了“拾遗”单元，用两台老的监视器播放了两部“十七年时期”云南少数民族题材的剧情片《芦笙恋歌》（1957年）和《摩雅傣》（1960年），它们都摄制于澜沧县及其周边地区。这两部关于拉祜族和傣族的历史影片着重反映了中华人民共和国成立初期各民族的“国家认同”，今天看来，仍有其特殊的意义。

2019年3月，由中国艺术研究院举办的“中国艺术乡村建设展”在中华世纪坛举办，作为国内艺术乡建的三个代表性案例之一，景迈山项目与渠岩的“从许村到青田”和靳勒的“石节子美术馆”共同参展。中国艺术研究院艺术人类学研究所所长、中国艺术人类学学会会长、策展人方李莉在前言《连接未来的景迈山》中评价景迈山项目“将艺术作为一种教育手段，潜移默化地影响和启迪当地居民去重新认识自己的文化价值，是艺术介入乡村建设的一个值得肯定的模式”。此次展览与深圳展览的内容和策略大体相似——在城市展览中，我们想呈现的景迈山不是一个用来缅怀过去的标本，而是一个有着明确方向，并充满蓬勃生机的地方。

回归：回到景迈，回到村民

2019年10月，伴随着“茶文化景观保护研究和可持续发展国际研讨会”的举办，我们在景迈山项目近三年的工作成果得以再次集结，回到景迈山所在地——澜沧拉祜族自治县惠民镇，以主题展览的形式再次呈现。

2021年年初，为配合申遗要求，针对景迈山古茶林文化景观的展陈项目再度启动。在景迈山上，翁基是最具真实性和代表性的布朗族村寨，而糯干老寨则是传统民居比例高达100%、将传统村落风貌保存得最为完好的傣族村寨。因此，继“今日翁基”于2017年开幕之后，我们首选在傣族聚居的糯干村策划了山上的第二个常设展“今日糯干”。与“今日翁基”的展览框架基本一致，“今日糯干”依然将视点落在自然村的范畴，给予生活细节以特写，详尽解析了村中的聚落环境、传统民居和信仰空间，并且对建筑遗产的修缮改造过程进行记录，试图从中摸索出一个民族村寨得以完好留存的历史逻辑。

与此同时，我们还将展陈放大至行政村的范围，即景迈山遗产申报区涉及的惠民镇下辖的两个行政村——景迈村和芒景村。景迈行政村位于遗产区北部，包括景迈大寨、勐本、芒埂、糯干及班改五个傣族村寨，以及汉族村老酒房、佤族村南座和哈尼族村笼蚌。芒景行政村位于遗产区南部，包括芒景上寨、芒景下寨、芒洪、翁基、翁洼五个布朗族村寨，以及哈尼族村寨那乃。同年，“景迈村”和“芒景村”展览也如期完成，分别置于我们邀请的studio 10和场域建筑改造的景迈村展示厅与芒景村展示厅（以展示厅命名，是为和聚焦自然村的翁基/糯干展示点有所区分）。

以行政村为单位展开的“景迈村”与“芒景村”，得以更完整地铺陈出景迈山“森林—茶林—村落”的特色景观，以及“林—茶—人”互相依存的生态文化系统。五片大规模古茶林、古茶林中的九个传统村落，以及古茶林之间的三片分隔防护林，作为景迈山古茶林文化景观的三大核心组成，不仅展现了独特的林下茶种植技术以及相应的信仰和传统知识体系，还充分反映了遗产地人与自然和谐共生的关系。因此，“景迈村”和“芒景村”展览选择以“遗产三要素”为起点出发，继而延展至对行政村的地理历史、生态伦理、风俗信仰、节庆仪典、乡土建筑、生活经验、生产技艺等遗产价值，以及分别构成其主要人口的傣族与布朗族的民族文化的考掘和整理。简括来说，山上的四个展览（“今日翁基”“今日糯干”“芒景村”“景迈村”）与山下景迈山展示中心的展览构成了一个完整的景迈山古茶林文化景观的遗产阐释体系。

当然，这里所说的遗产是具备活态性的。景迈山之所以能成为一处有机演进的繁衍生息之地，其茶产业的发展不容忽视。为此，我们还在芒景村展示厅特设了一个产品展示的窗口，专门陈列芒景村村民自己的茶产品以及源自景迈山的茶品牌和茶衍生品，也作为我们对村民们支持的感谢与回馈。

此外，我们还策划了一个名为“他者的目光”的特别展览，用以展示摄影师骆丹、曾年、李朝晖和木刻艺术家刘庆元受邀在景迈山驻地时完成的创作。这些投射着“他者目光”的“艺术作品”在表达外来者的感知、评判和建构的同时，亦提供了一种凝视景迈山的全新角度，一种关于地方的大胆想象。特展和此前承载遗产阐释功能的主展览，不仅形成了一种微妙的对照，更在某种意义上互为补充，丰富着村民与游客双方对于景迈山物质与精神文化世界的认知。

简而言之，我们希望“往乡村导入城市资源，向城市输出乡村价值”的乡村工作基本路径，能够创造更好的内外部条件，以促进村民对所居地方的公共事务的参与和管理，甚至主导以后的保护与发展方向，为激发新的公共空间、文化和产品的生产提供来自自身的思考和行动。我们认为，寻找一种可持续的保护与发展的模式，吸引村民参与，最后达成他们对项目的自主运营，是我们进行艺术乡建的最终目的。

数年的驻地工作让我们认识到，景迈山如同一棵古茶树，既有着自己独特的历史，又在当下迸发出蓬勃的生命力——它正在持续生长，包括其作为地方的意义与内涵。我们难以分辨这座山的“自我”与“他者”，唯有融入其中并随之生长。

二

今日翁基

Wengji Today

翁基是景迈山上15个自然村之一，也是传统风貌保存最完整的布朗族村落。

翁基吸引人之处，在于民居、佛寺、茶林、古树等构成的古寨风貌，在于歌舞献祭、信神敬佛的虔诚民风，在于生产生活、吃穿用度中体现出的地域文化，当然更在于以茶为生、以茶为乐、以茶为神创造出的一整个茶香氤氲的物质与精神世界。

翁基如何成为今日之翁基？答案是——从这座山上生长出来的。第一棵茶树的生根发芽改变了布朗族生存和发展的轨迹，而千百年来，茶树得到不断“驯化”，这才有了景迈山的千年万亩古茶林。信仰、建筑、饮食、手艺……翁基人在长期的生产生活中，形成了一整套与自然共生共处的智慧。但在现代化无远弗届的今日，地方性的乡土知识如何让族里的年轻人与外来访客获得和分享，独有的村落及其文明如何运用祖先的智慧和今人的觉悟使之永续流传，是摆在我们每一个人面前的问题。

景迈山展示中心
惠民镇
景迈村展示厅
糯干村展示点
翁基村展示点
芒景村展示厅
遗产要素村落
申报遗产区
缓冲区
古茶林
分隔护林带
展示中心
展示厅
展示点
当前所在位置

1. 翁基村

1.1 遗产要素

1.1.1 古茶林

翁基—翁洼古茶林位于遗产区西部，总面积约90公顷，包含翁基、翁洼两个传统布朗族村落，总人口834人。片区内海拔1120~1380米，南北最大距离1500米，东西最大距离1900米。翁基古茶林东北部有该片区的茶王树。

1.1.2 传统村落

翁基位于芒景山脉北端的黑龙峰下，海拔约1350米，距芒景村民委员会4000米，建设用地7.75 公顷，人口334人。翁基在布朗语中是“看卦”的意思。传说布朗族祖先迁徙到此位置，部落首领让人看卦选址，翁基就是当时看卦的地方。直到现在，布朗族在举办盛大的“茶祖节”祭祀仪式时，仍由翁基负责解读宗教仪式后显示的卦象。

村寨沿黑龙峰下的山脊延伸，是布朗族传统风貌保存最完好的寨子。老寨用地6.53公顷，围绕寨心呈向心式布局。村内各类建筑共有151栋，传统民居比例高达98.62%。

翁基古寺位于村寨北端，历史悠久，于2009年重建，是当地村民赕佛和传承佛教文化的圣地，也是村寨民族历史的传承载体。古寺占地面积约0.1718公顷，平面格局采用中轴对称，由佛殿、藏经阁、僧房组成，外观在布朗族传统建筑风格中又糅杂了汉族佛寺建筑风格，质朴而端庄。佛寺西侧的古柏，树高20余米，根部径围达11米，树冠面积0.05公顷，树龄在千年以上。

◆ 翁基遗产要素图

1.2 翁基地图

1. 柏树下民宿
2. 小展馆
3. 翁基书屋
4. 联合工作站
5. 榕树下民宿

- P 停车场
- 观景台
- WC 公厕
- 小广场
- 小卖部
- 客栈
- 寨门
- 佛寺
- 寨心
- 撒拉房
- 古树

制图：杨林青工作室
制图时间：2017年

1
2
3
4
5
P
WC

隶属行政村 **芒景村**

景迈山共有15个自然村，分属景迈村、芒景村两个行政村，其中翁基隶属芒景村。

民族 **布朗族**

景迈山有汉族、布朗族、傣族、哈尼族、佤族等民族，翁基人口以布朗族为主。

人口 **89**（户）**334**（人）

翁基分为老寨和新寨，其中老寨73户，新寨16户。

耕地 **52.07**（公顷）

耕地包括旱地和水田，主要种植水稻、玉米、甘蔗、黄豆等。

茶林 **208.87**（公顷）

翁基四面被山林围绕，其中古茶林主要在村寨北面。

茶产量 **93.80**（吨）

翁基2016年内茶产量为93.80吨，茶产业收入占全村收入八成以上。

合作社 **5**（个）

农民专业合作社是通过提供农产品加工培训、质量控制和销售运营等服务来实现成员互助的组织，翁基的合作社均为茶叶合作社。

F1类建筑 **49**（栋）

依据建筑的保存情况，翁基传统民居被分为F1、F2、F3与F4四类，其中F1类建筑采取传统工艺建造，能体现传统民居特点，具有标本型保护价值。

佛寺 **1**（座）

景迈山的傣族和布朗族主要信奉南传上座部佛教。

建筑改造 **5**（栋）

改造5栋传统民居建筑，分别承担文化展陈、社区教育和生活服务等功能。

古树 **2**（棵）

据国家标准，树龄在百年以上的大树可称为古树，翁基佛寺旁的柏树和村南的榕树均被认定为古树。

数据来源：
国家文物局
澜沧县统计局
中共惠民镇委员会
澜沧县惠民镇人民政府
普洱景迈山古茶林保护管理局
澜沧县惠民镇芒景村民委员会

采集时间：2017年

1.4 翁基素描

·《翁基素描》再现了布朗族与自然共生共存的历史与现状。全片由采茶、制茶、节日与日常四个篇章构成，最后又让镜头回到茶林与茶人身上。这一个轮回，是影片叙事的循环，更是布朗族历史与现状、传统与当下的交融。

《翁基素描》
摄制：张鑫
监制：左靖
时长：11分
年份：2017年

《景迈山风景图集》
摄影：朱锐　张红　张鑫等
年份：2017年

1月 树顶花

◆ 多种乔木在这一时节开花，古茶林由古朴老人变为簪花少女，景观适合由山顶俯瞰或航拍。

2月 蜂神树

◆ 2月中旬过后，蜂群飞来选树筑巢，有些大树会备受青睐，蜂神树上的蜂巢更多达数十个。

3月 春茶

◆ 茶叶初绽，漫山新绿。乔木型茶树高数米，要爬上树杈采摘，各家采茶前还会祭拜茶魂树。

4月 兰花

◆ 生长在大树、屋檐上的寄生兰盛放，其中包括石斛兰、乌舌兰、石豆兰、鸢尾兰、球兰等。

5月 梯田

◆ 放水后的梯田波光粼粼，倒映着蓝天白云和插秧身影，还可能见到“选妈妈地”等稻作仪式。

6月 霁霞

◆ 7—9月是山上雨季，雨季前夕云雾变幻。尤其在傍晚放晴时，翁基会出现独特的玫瑰色晚霞。

7月 野菌

◆ 鲜艳奇异的大红菌、奶浆菌、干巴菌等生长，但入山最好由村民带路，且不要轻易采摘食用。

8月 星空

◆ 夏日翁基银河灿烂，如果是昼雨夜晴，大气能见度变高，在翁基佛寺观景台可观赏与拍摄星空。

9月 彩虹

◆ 雨量充沛时未必能看到彩虹。9月进入雨季后期，常常微微细雨，捕捉到彩虹的几率很高。

10月 秋茶

◆ 春秋两季都是采茶季，但秋季不仅有茶，也正值茶树花盛花期。茶树花除观赏，还能泡饮食用。

11月 云海

◆ 秋冬时节，每天推门而出，都能看到云海。云海充沛到几乎要漫进门口，且能一直持续至中午。

12月 山樱花

◆ 山樱花又叫中国山樱花，比日本樱花更为野性浓烈。在去景迈山的路上，就能观赏满路樱花。

《翁基大合影》
摄影：何崇岳
年份：2017年

古茶店
FANTASIA

傣历	重大节日	
9月	入雨安居	◆ 傣历9月15日，翁基乃至全山都会在古庙举行庄重的入雨安居仪式。这意味着雨季到来，佛爷和村民都要开始专心礼佛，而结婚、盖房、外出等“俗务”则暂时搁置。随后的3个月中，全村持续举行佛事，每7天就有一个斋戒日。每个斋戒日有不同主题，由不同村寨主持。主题包括祝福老人、怀念亲人、致敬佛爷、献经书、拜佛塔等。
10月		
11月		
12月	结夏安居	◆ 傣历12月15日，翁基举行结夏安居仪式，全村共同听经、滴水、跳舞，过后又能进行结婚、盖房与外出等活动。
1月		
2月		
3月		
4月		
5月		
6月	山康茶祖节	◆ 傣历6月中旬，布朗族与傣族都会过新年，傣语称“山康”。布朗族不仅过新年、祭祖先，还要祭拜茶神、水神、树神、土神、昆虫神、兽神等。四天的时间里，全族须聚在芒景山茶魂台，共同呼唤茶魂，祈求风调雨顺，另外还要举行泼水、百家宴、歌舞会、放高升等狂欢活动。
7月		
8月		

民间习俗

上新房 ◆ 入住新房前有整套仪式，其中第一天要“升火塘”，由两位老人用火镰生火，11天后才由佛爷念经灭火。

嫁女儿 ◆ 布朗族婚礼简单朴素，认亲仪式上老人会送新娘一件传家的金银器，并把白线缠在新人手腕以示祝福。

生孩子 ◆ 火塘是一家安宁兴旺所在，产后妇女的床铺可挪到火塘边，长辈还会送新生儿一顶寓意吉祥的瓦房帽。

办丧事 ◆ 布朗人去世后不垒坟、不认坟地。人死后由大佛爷敲铓引路，葬入竜林，但竜林平时不能随意进入。

耕种仪式		公历
		7月
		8月
		9月
◆ 稻谷收割后，要由老人一路念经才能入仓，随后大家煮食分享新米。	收获 ※ 吃新米	10月
		11月
◆ 用“打米卦”来判断吉凶，确定当年耕种的地块，再砍两棵小树给地叫魂。	备耕 ※ 叫地魂	12月
		1月
		2月
◆ 用一竹筒水、两片干竹片作为祭物祭火神，完后用竹片摩擦取火烧地。	烧地 ※ 祭火神 平地	3月
◆ 划一小块地，中心和四角插上木棍代表神灵，先播这块地再种整片田。	播种 ※ 选妈妈地	4月
◆ 布朗族相信稻谷有魂，抽穗扬花时，要念经把魂叫来，保证来年丰收。	薅地 ※ 叫谷魂	5月
		6月

普洱 · 景迈山
Pu'er – Jingmai Mountain

《南传上座部佛教结夏安居》

摄制：张鑫

监制：左靖

时长：6分

年份：2017年

茶神台

The Tea God Altar

《翁基劳作》
绘图：榆木
年份：2017年

《翁基劳作》局部

《翁基日常》
绘图：榆木
年份：2017年

《翁基日常》局部

2. 翁基栖居

景迈山上的村寨深嵌在古茶林之中，形成了村依茶林、茶林绕村的生态人居结构。一个个村寨之中，干栏式民居、古寺、寨心、寨门……这些不能缺席的要素，又书写出独特的民族文化结构。翁基完整又生动地保留着这一切，其中容纳的不仅是村民们的日常起居，而且是布朗人代代延续的生活方式。

厚重的屋盖，深远的出檐，数万年前便已出现的干栏形态，给人以时间在这里定格的错觉。而事实上，翁基的生活不断前行，翁基的建筑也随之生长。随着景迈山对传统民居更新利用的不断探索，古寨正在走进现代，老屋也会重获新生。

2.1 由村到家

关于翁基立寨，有人说是择水箐密布处而居，有人说是白马卧倒选出了寨心。可以明确的是，在对生活空间的营造中，翁基人既有敬畏天地的尺规，也有融于自然的灵活。从村寨格局到家屋结构，再到家中一物一器，其中承载着翁基人的风土哲学。

制图：杨林青工作室
制图时间：2021年

1

◆ 翁基背山而居，北高南低。所处地带箐多水密，四面被水田、茶林和树林围绕。

2

◆ 寨门如手足，四个寨门守护，邪祟被挡在门外，过去人们一般不能随意在寨门外盖房。

绘图：李国胜

绘制时间：2017年

◆ 寨心如心脏，是寨神所在。它由五根木柱组成，一根柏木、两根梨木和两根栗木，更换木柱要举行“换寨心”仪式。

3

4

◆ 道路如血脉，翁基共有五条路，通往芒景、翁洼、新寨、田地和茶林。

绘图：李国胜

绘制时间：2017年

5

◆ 撒拉房既供路人歇脚，也能聚会议事，过去景迈山的撒拉房常供茶商马帮过夜。

6

◆ 佛寺是佛祖所在，建在寨子高处或中心。布朗族佛寺中会同时供奉原始宗教神灵。

蒸酒器

◆ 蒸酒器：布朗族擅长用谷子、玉米等酿酒，采用的传统蒸馏法可追溯到辽金时期。

脚踏舂米机

◆ 脚踏舂米机：当地人过去以糯米为主食，且相信稻谷有“谷魂”。舂米即为谷子去壳。

透视图

◆ 哎糯家建于1988年，2015年翻修。

7

布朗族一代民居，用茅草、竹子搭建，
目前布朗族民居已经历五代演变。

8

◆ 艾迈家建于1984年，2015年翻修。

◆ 干栏式民居，起源于新石器时代，是中国建筑的“活化石”。此类民居适应南方潮湿气候，合理利用山地土地，在景迈山地区使用至今。

◆ 干栏式民居一般为二层楼房，立柱悬空，无窗户，长披檐。此类民居虽经多年改良，精髓未变，甚至竹椽子形成的交叉都演变为“一芽两叶”图腾而被保留。

◆ 现代民居在功用上有不少改变，但也有不变，比如留住火塘与神柱。火塘象征兴旺，不能随意熄灭。神柱象征家神，家事要向它“请示”。

翻修后的房屋结构和功能基本未变，依旧为二层小楼，主屋外还有掌台。

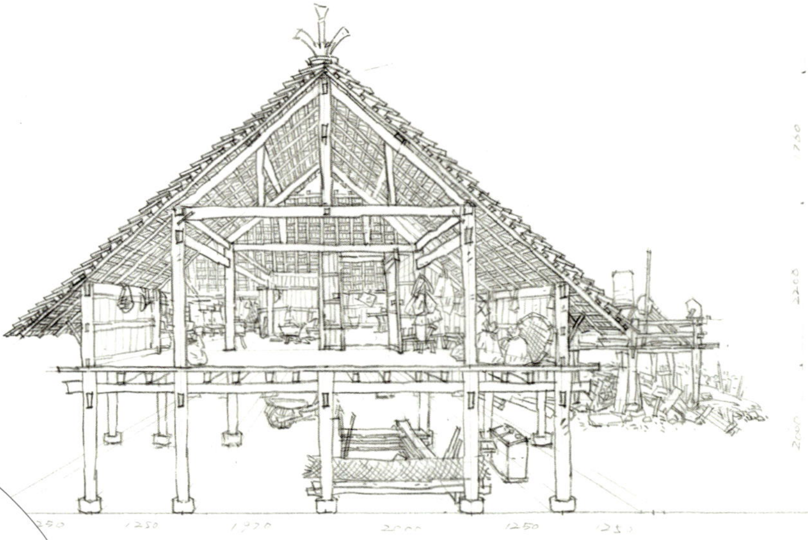

翻修后的房屋是布朗族五代家屋，瓦顶木墙，屋檐加高。

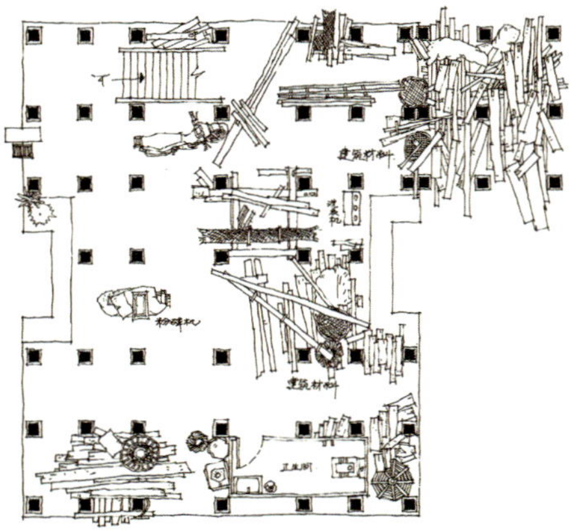

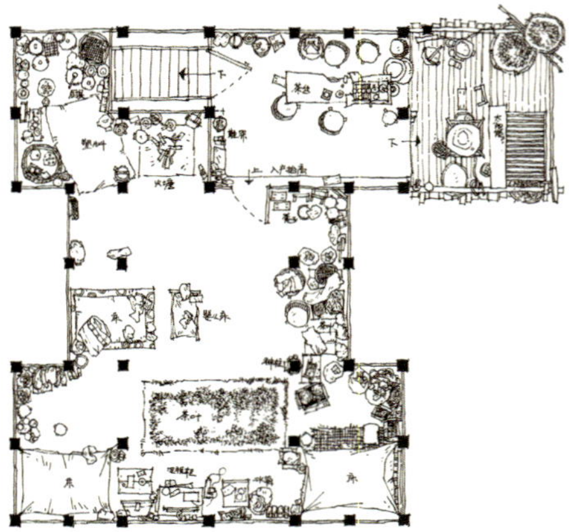

按照过去习惯，一层主要用来养家畜、养蜜蜂、堆农具等。

传统民居二层没有明显隔断，但有一些隐藏“规矩”，如主人一般睡在东面。

7

8

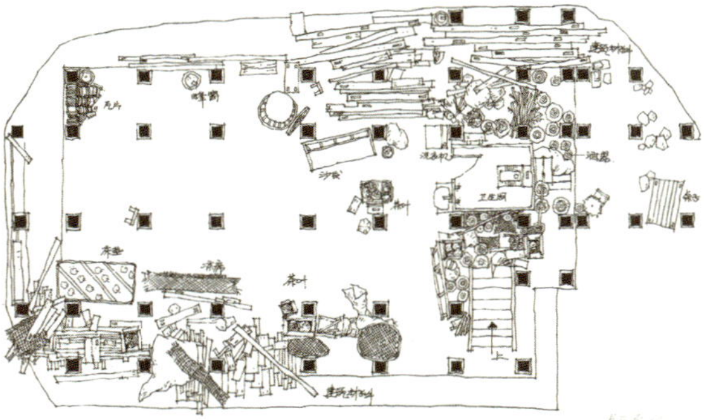

适应现代需要，一层增加了卫生间等功能。

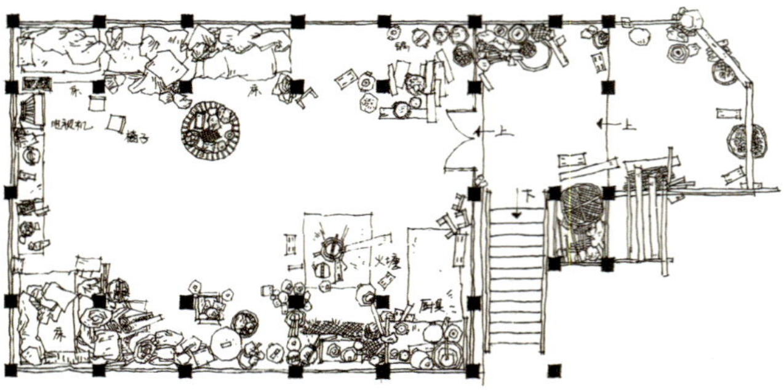

不少现代民居有了隔断，甚至增加茶室，满足生活生产需求。

◆ 用具

绘图：李国胜

绘制时间：2017年

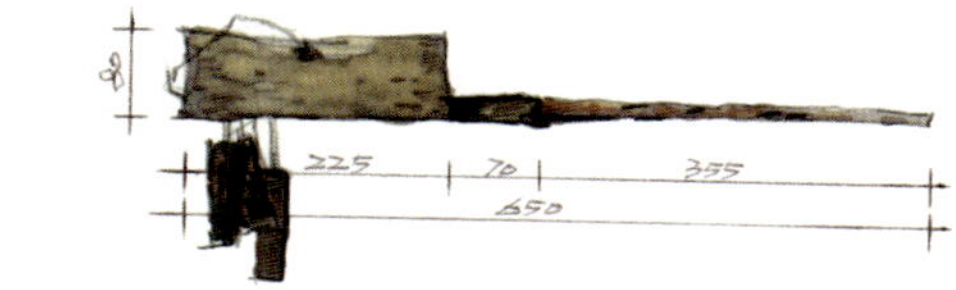

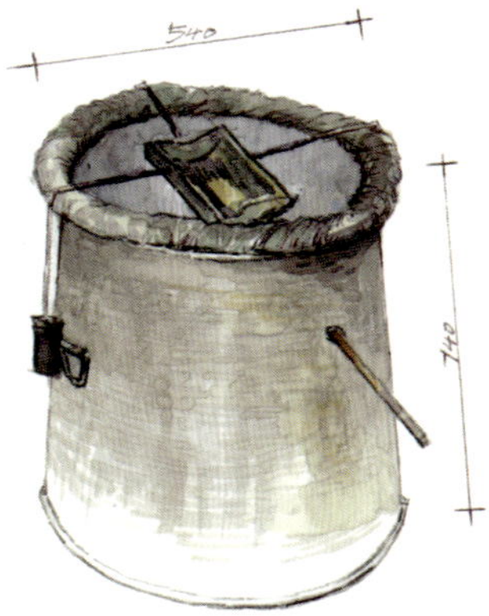

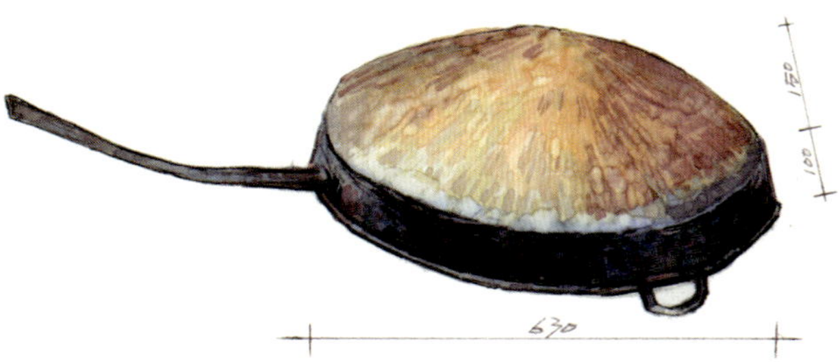

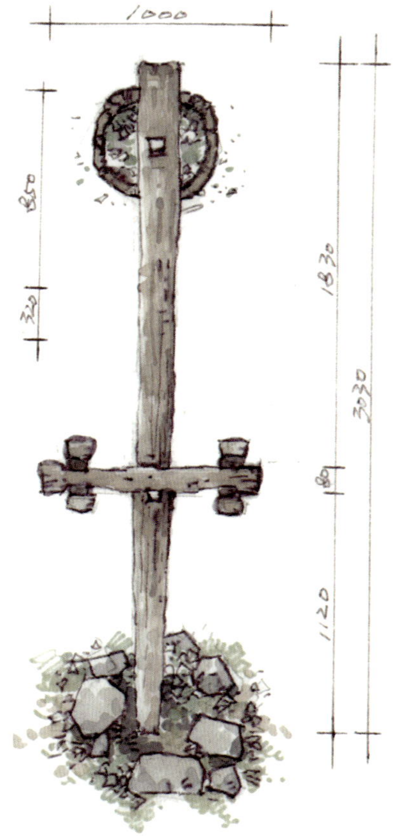

顶视图

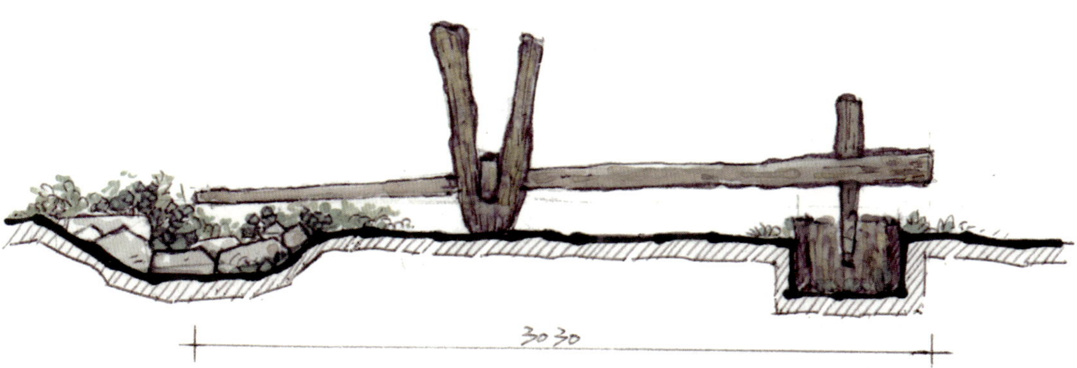

剖立面图

石磨

◆ 石磨：当地人在中华人民共和国成立后学会做豆腐和制石磨，制石磨要雕石块来做立轴、磨膛、磨齿等。

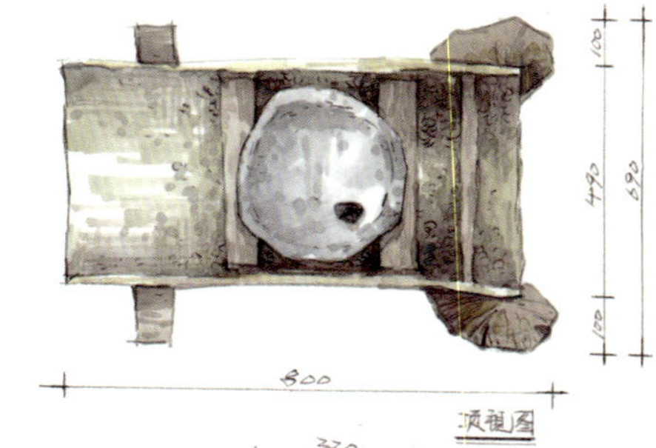

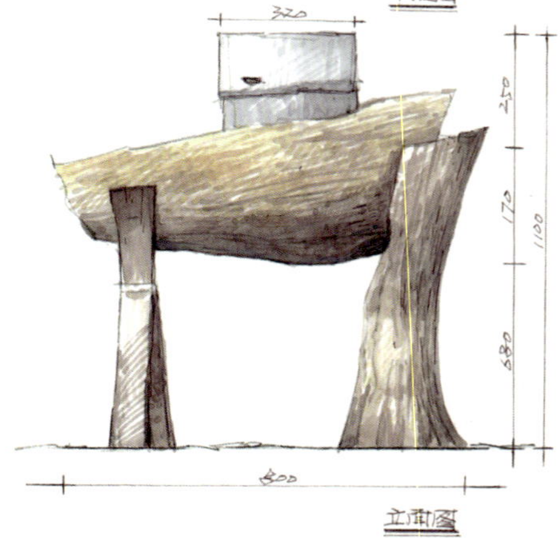

绘图：李国胜
绘制时间：2017年

杵臼

◆ 杵臼：杵臼用来舂制米粮、盐巴、佐料等，比如由十余种植物舂制“香辣子”。

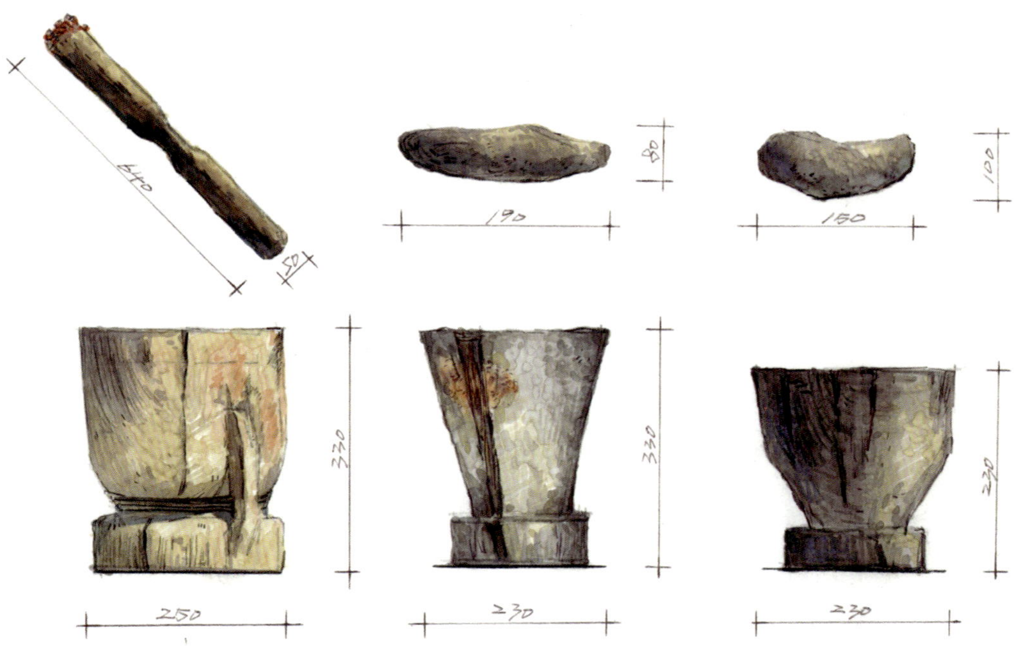

◆ 蜂桶：用树干做成蜂桶，让蜜蜂自己来筑巢。蜂蜜可采来吃，蜂蜡能做成祭祀用的“蜡条”。

透视图

平面图

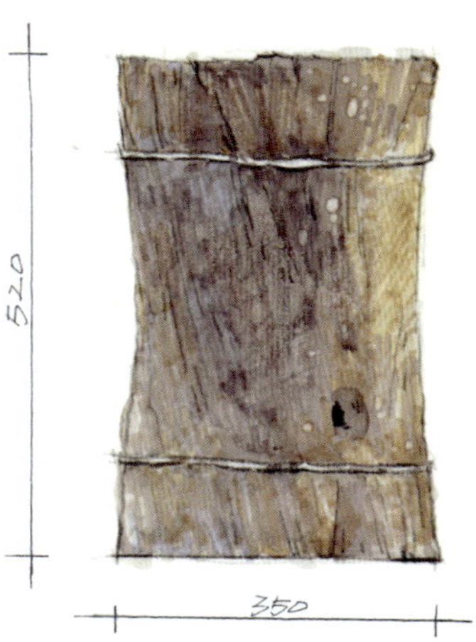

立面图

蜂桶

绘图：李国胜

绘制时间：2017 年

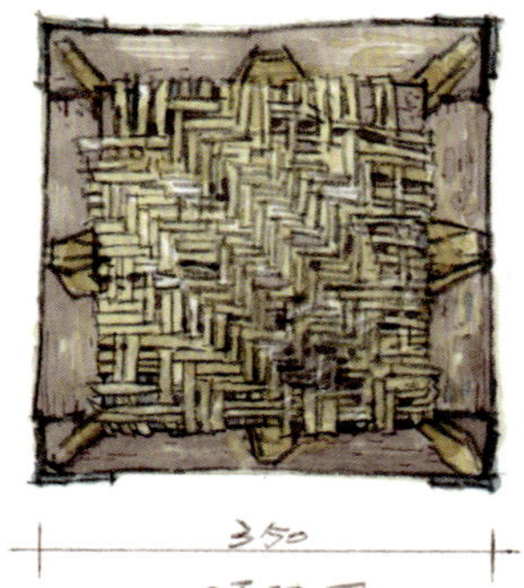

顶视图

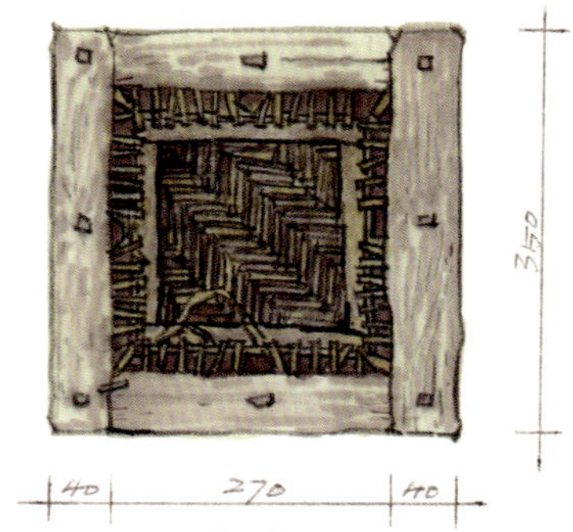

底视图

竹编凳子

立面图

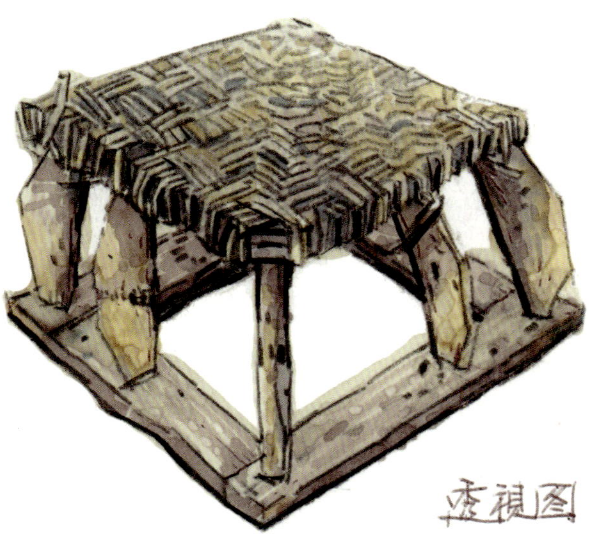

透视图

◆ 竹编凳子：当地人常用竹子编制凳子、供桌等，为方便围坐火塘，此类凳子一般较低矮、轻便。

陶罐

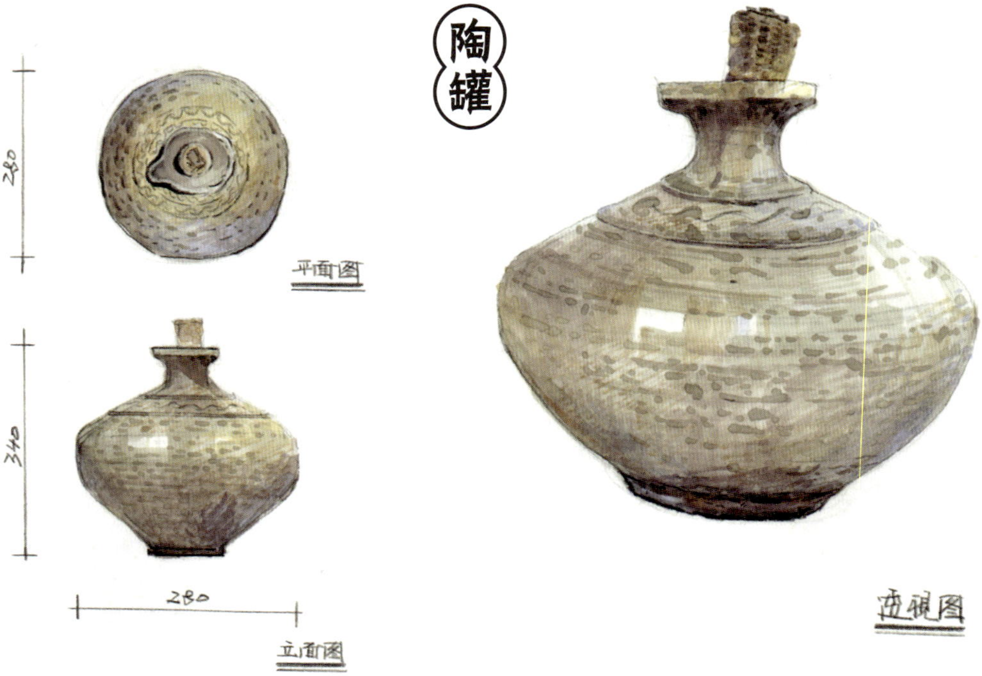

笸箩

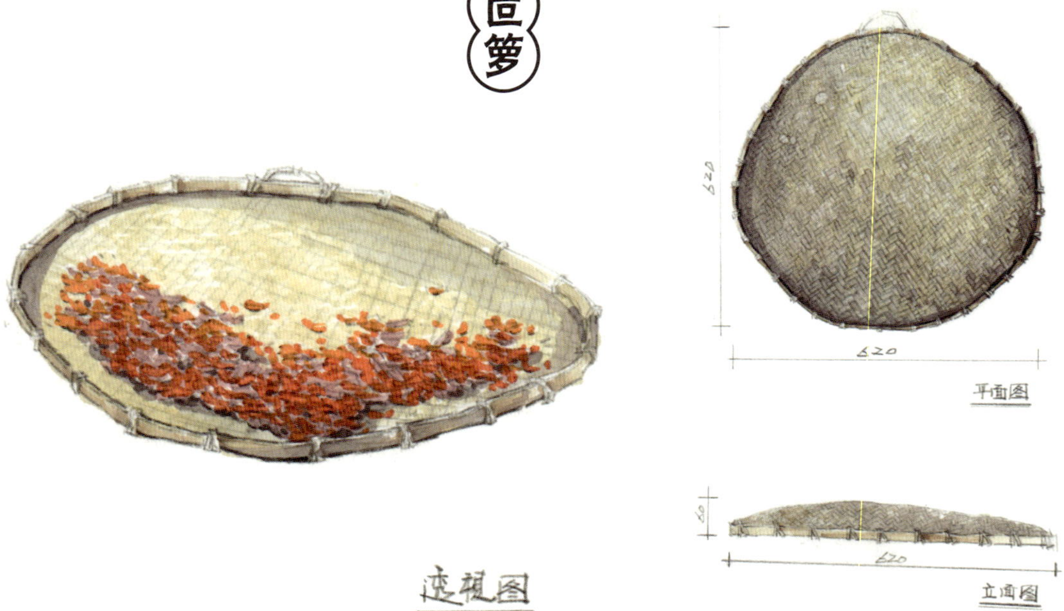

绘图：李国胜

绘制时间：2017 年

◆ 陶罐：过去布朗族善用陶土制作各类器具，制作材料就地取材，做出的器具避光、透气。

◆ 笸箩：长茶的地方一般也长竹。竹可以做竹篓采茶，做竹筒装茶，编笸箩晒茶。

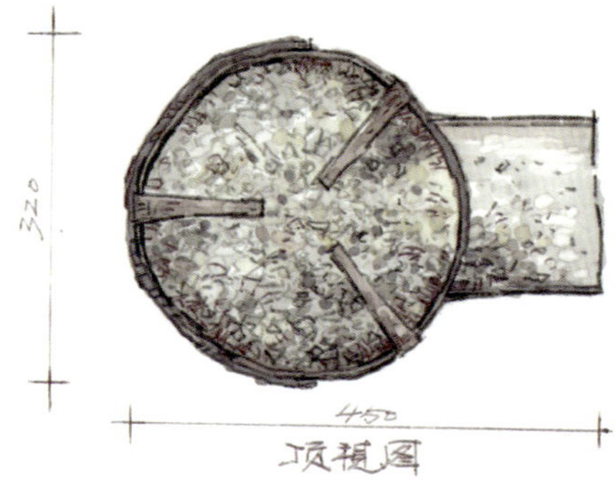

移动火塘

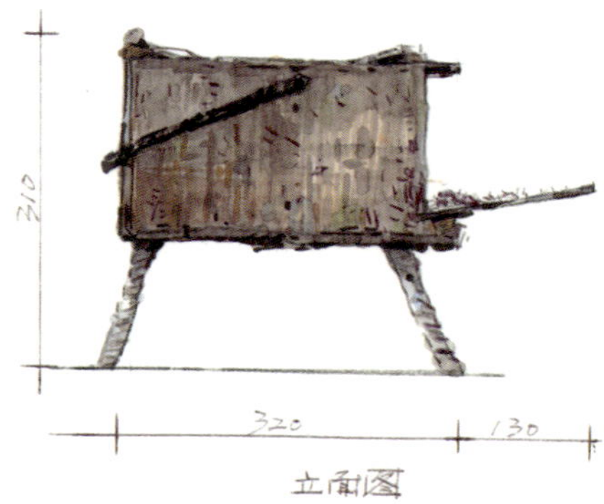

◆ 移动火塘：过去火塘要用土一层层夯成，现在有了金属制、可移动的火塘。

佛寺与家屋，也许是许多翁基人一生最熟悉的两个地方。翁基佛寺建筑年代不详，现有建筑于20世纪90年代在全寨努力下复建而成。小展馆原为传统民居，经更新改造，承担了村落文化展陈等功能。我们对这两处建筑进行测绘，希望不仅能解剖它们的建筑结构，而且能记录翁基人独运的匠心。

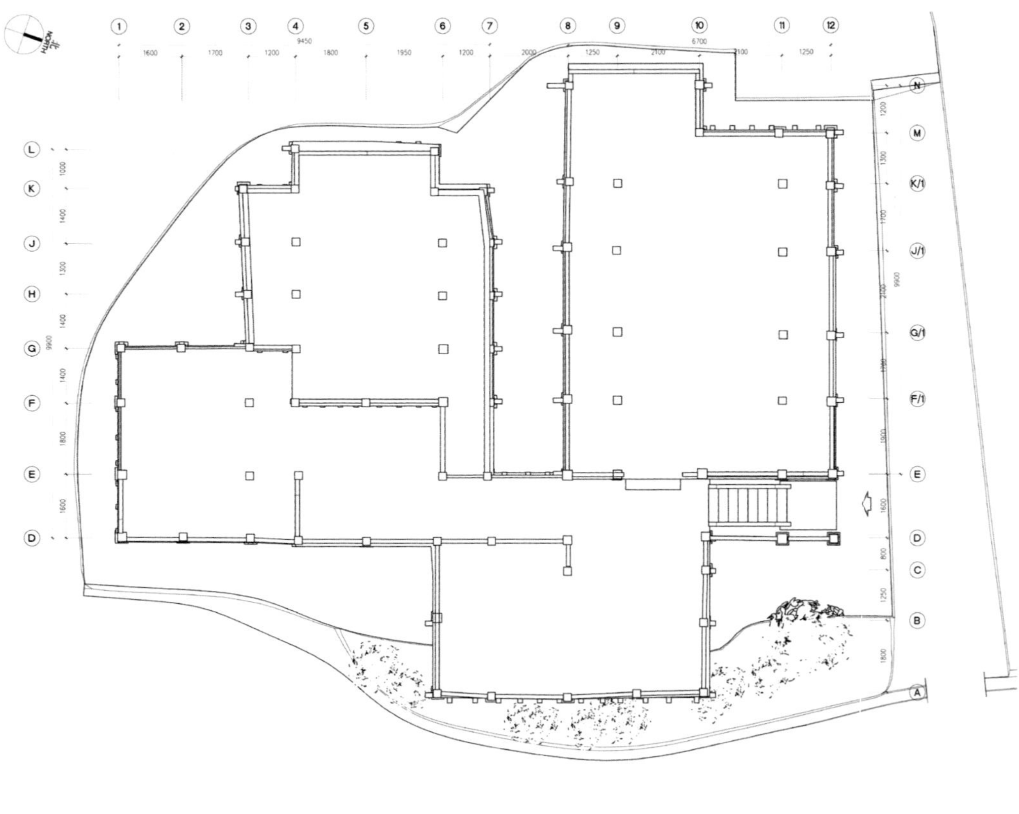

◆ 小展馆平面图

制图:张一成
制作时间:2017年

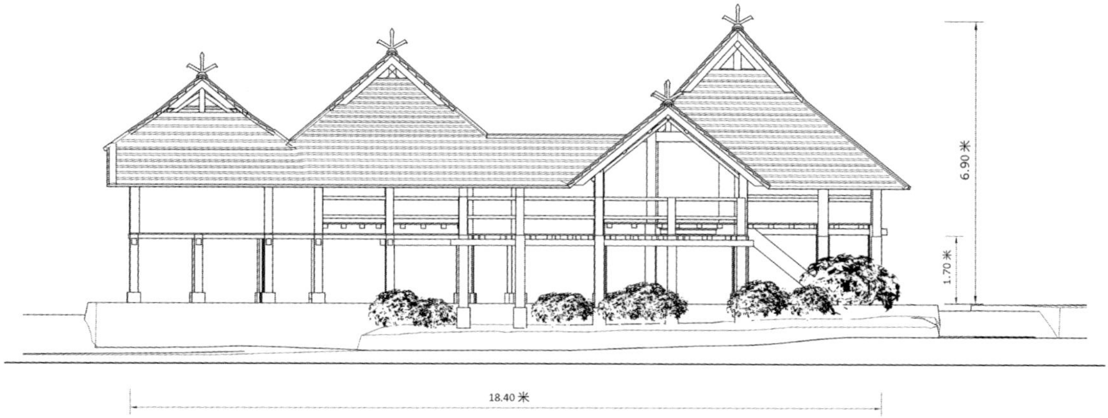

◆ 小展馆立面图

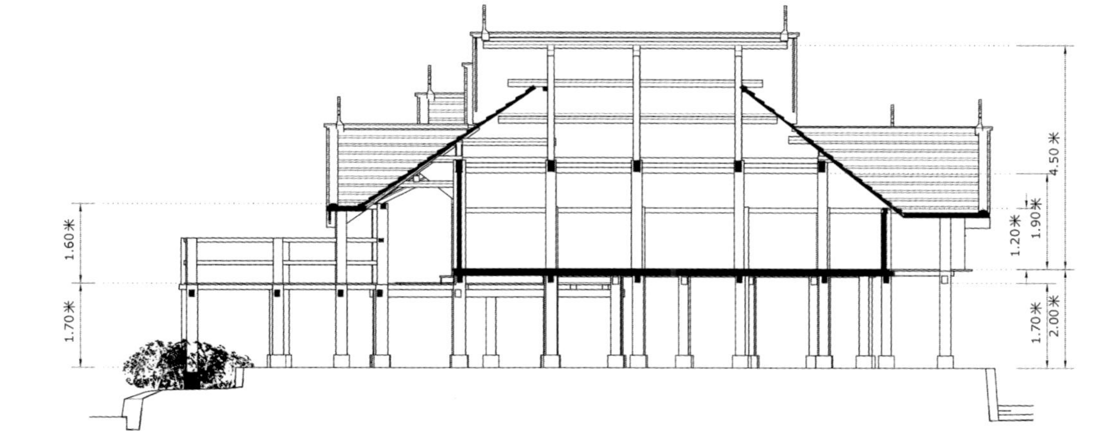

◆ 小展馆剖面图

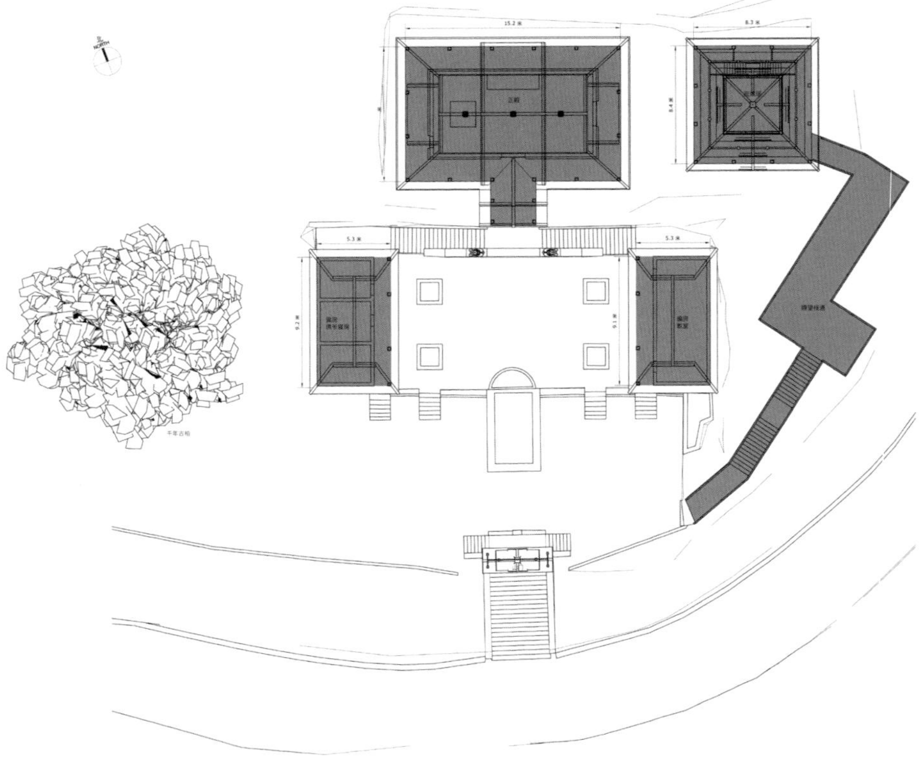

◆ 翁基佛寺平面图

制图:张一成
制作时间:2017年

◆ 翁基佛寺剖面图

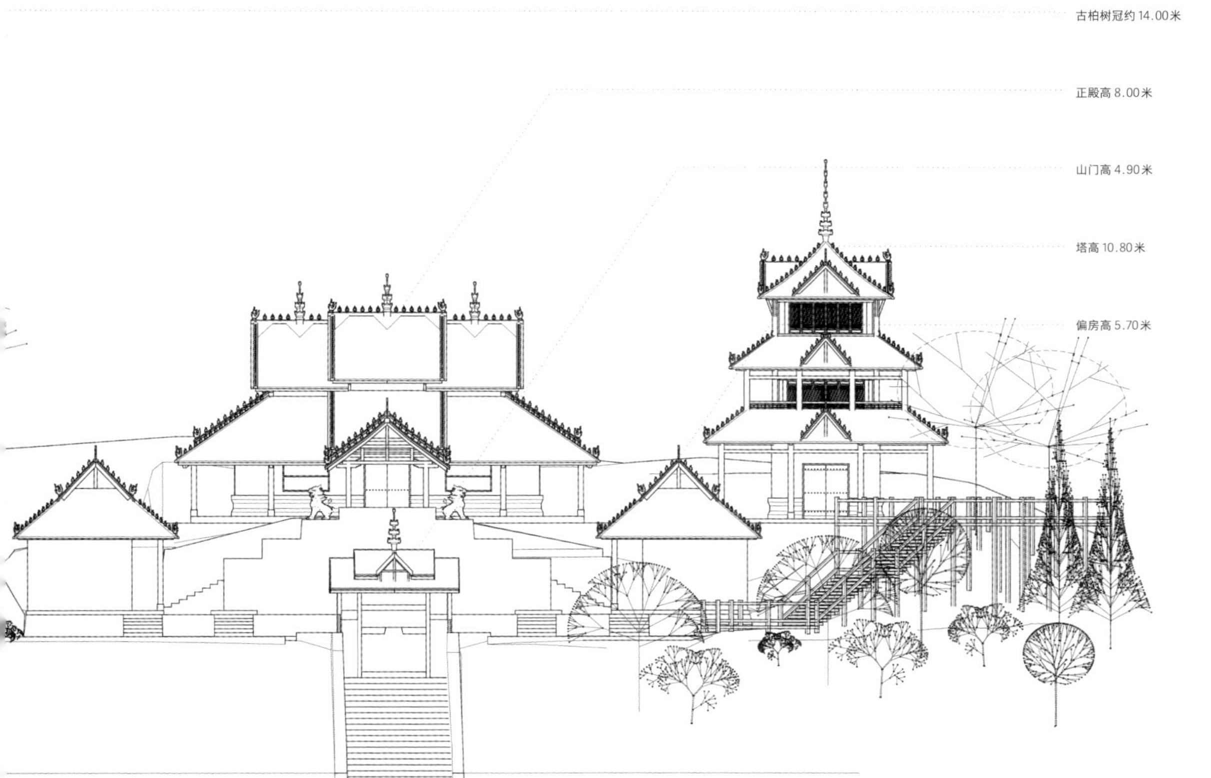

◆ 翁基佛寺立面图

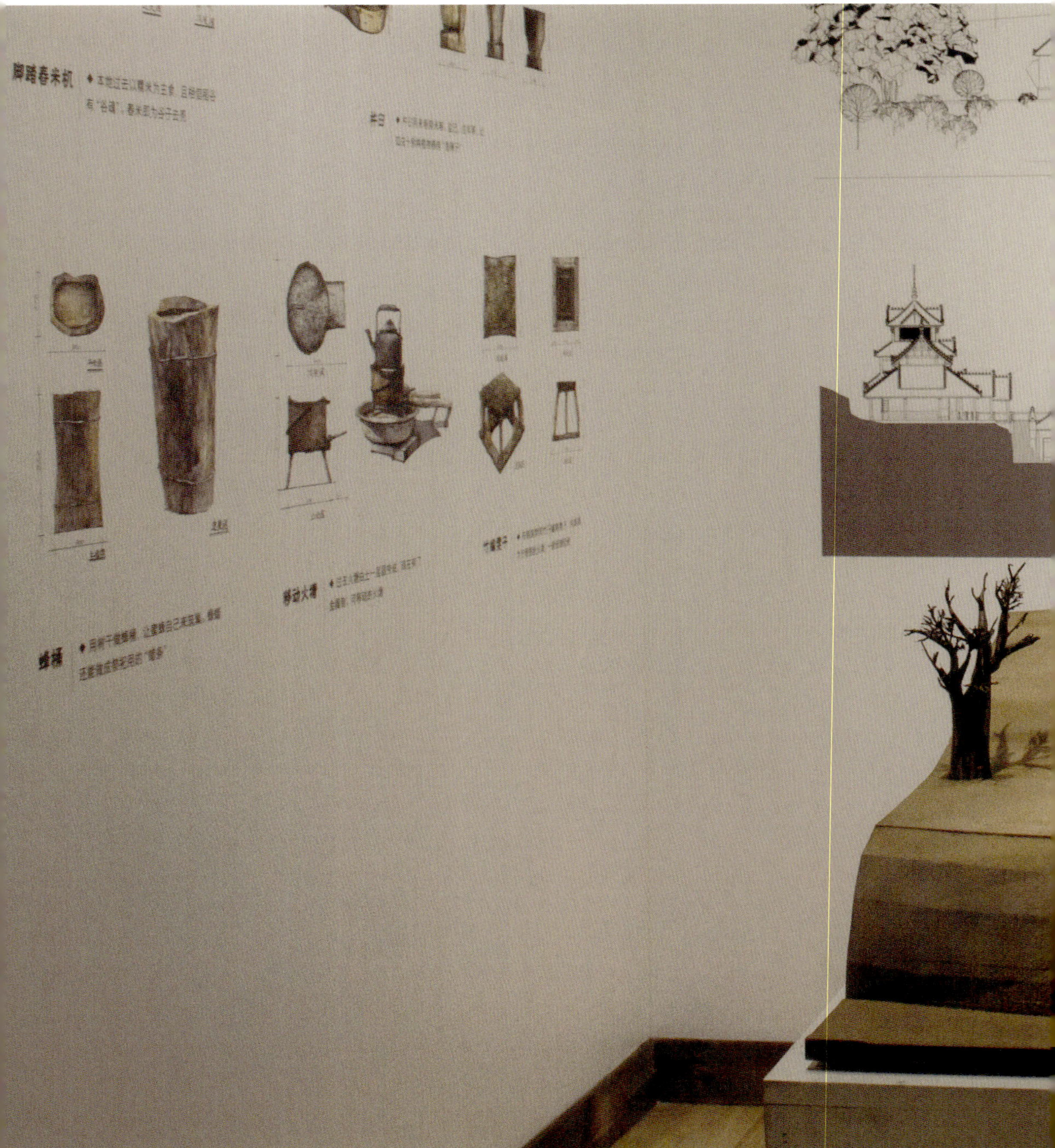
脚踏舂米机
移动火塘
蜂桶

◆ 翁基佛寺模型

比例：1:30
材质：木质PLA
测绘：张一成
年份：2017年

摄影：慕辰
年份：2017年

户号：翁基7

户主：艾迈

图中人物为艾迈的母亲和女儿杨悦

家中共五口人：艾迈母亲、艾迈夫妇、女儿杨悦、儿子艾清

图中房屋建于1984年，2015年修缮

2.3 人与空间

摄影：慕辰
年份：2017年

户号：翁基66
户主：俄丁保
图中人物为俄丁保全家
家中共五口人：俄丁保夫妇、儿子艾肯夫妇和孩子
图中房屋建于2000年前后，近两年修缮

摄影：慕辰
年份：2017年

户号：翁基18
户主：苏力在
图中人物为苏力在
家中共三口人：苏力在、苏力在老伴和小孙女
图中房屋建于1996—1997年，2017年修缮

制图：张一成
制作时间：2017年

景迈山传统民居更新利用的原则，在于既保留传统特征，又根据现代人的使用需要，完成功能改造和性能提升。在翁基，已有首批五栋传统民居被改造并植入文化展陈、生活服务和社区教育等功能。改造过程中，看似基础的防水、隔音等问题，却是“老屋新生”的根基。针对这些问题，我们进行了多种探索，希望为村民提供参考。

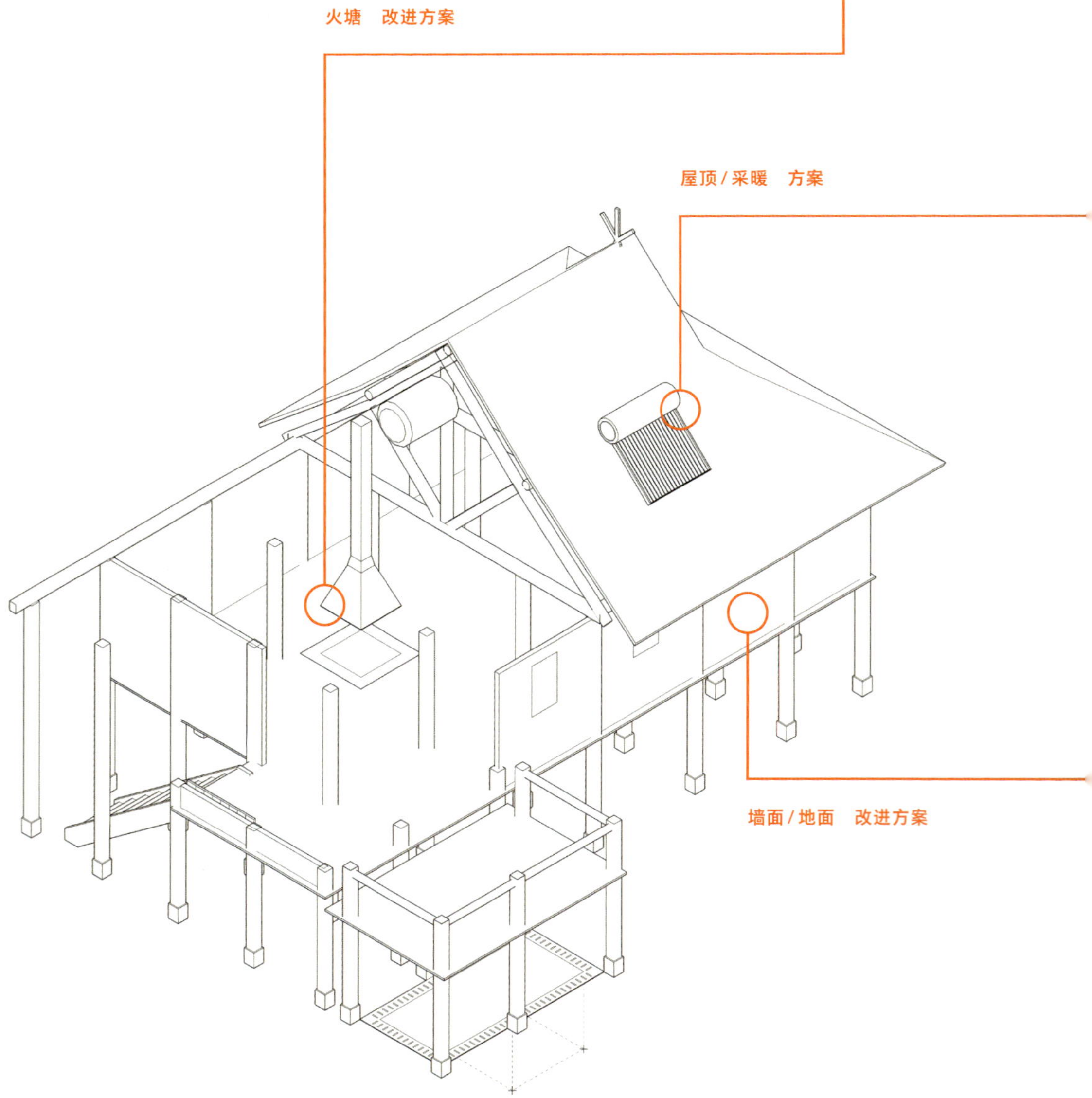

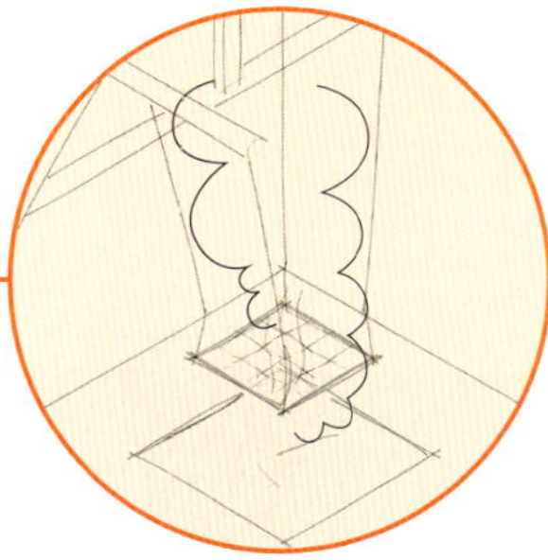

烟熏
灰尘

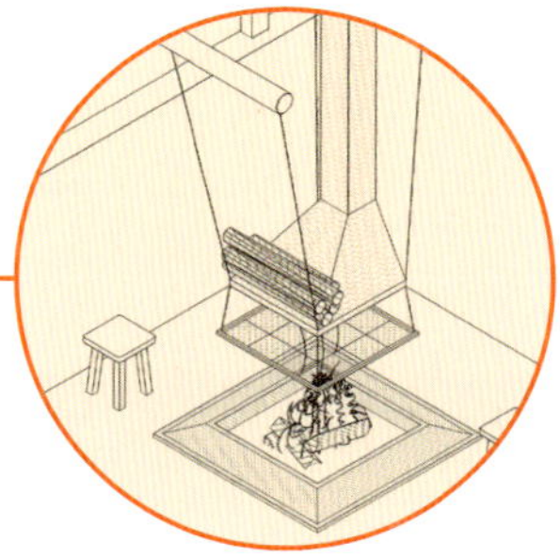

烟罩

烧火时，形成自然抽力或靠机械抽力将烟从三角窗排出，并做防火处理，使室内不会烟气弥漫。

抬高火塘围边

降低中间柴火堆高度，使灰尘不易飞扬。

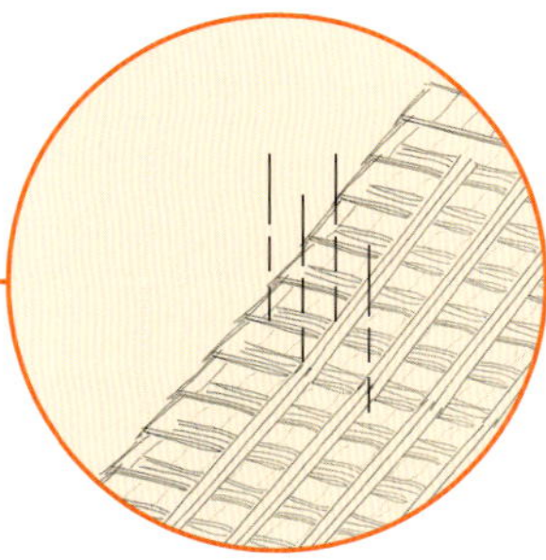

漏雨
屋面热量
虫患

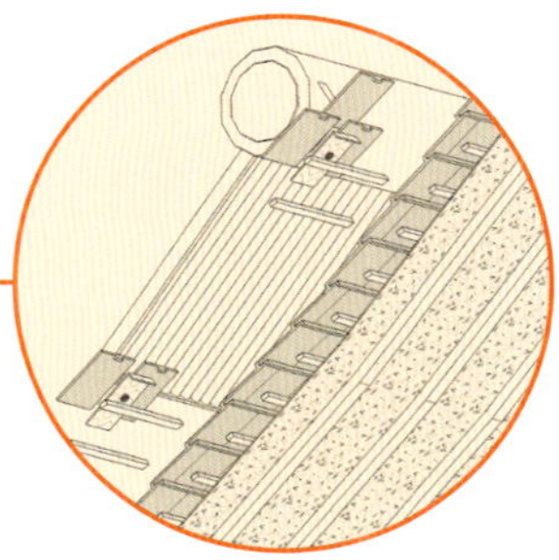

太阳能热水器

增加屋顶面积利用率。使用不锈钢板底座加设在瓦条之上，并做外观颜色处理。

防雨布

在瓦条下铺设整条防雨布至外墙，以防瓦面破损导致的漏雨。

防腐防虫处理

挂瓦条及椽子预先做防腐防虫处理。

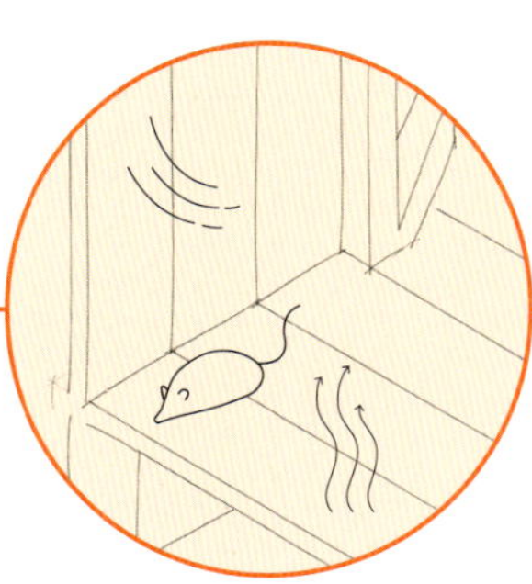

透风
噪声
鼠患

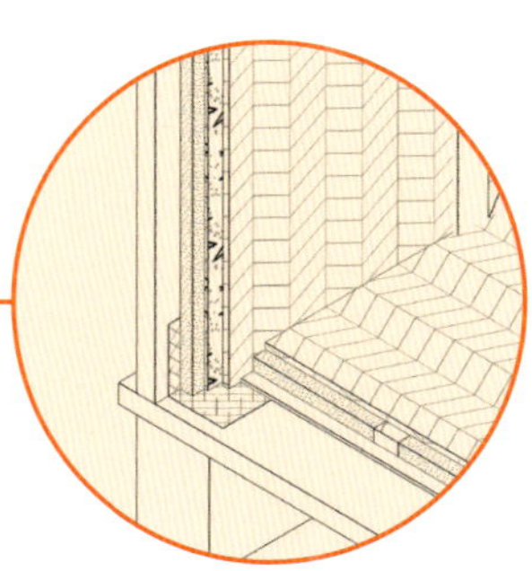

装饰层

保持室内洁净之外，减少热量从室内流失。

隔音毡／吸音棉

在墙面与地面铺设，减少高频音波40％以上。

金属防鼠网

杜绝老鼠在木板打洞的隐患。

传统民居保护整治分类标准

◆ 传统民居（F1）：主要指村寨中采用传统营建技艺并且具有核心功能空间，传统建筑的形态没有改变，能够体现当地建筑传统的木结构民居。该类民居为乡土建筑文物保护的对象。

◆ 改造过传统民居（F2）：主要指在原有木结构传统民居基础上做了一些适应性改造，一定程度上改变了传统建筑的形态，但并不影响对传统民居的理解及当地民居持续发展演进过程价值传递的民居。

◆ 新建协调民居（F3）：主要指与传统民居风貌相协调的新建民居，包括当地部分居民仿照传统建筑修建的民居和由政府主导进行整治改造的民居。

◆ 新建不协调民居（F4）：第一种情况指体量超大、高度超高的新建钢混、砖混建筑等；第二种情况指建在水源地、林地、主要景观视域等区域内，严重破坏生态环境、影响景观品质的建筑。

选材参考

◆ 防雨布：每平方米约8元。

◆ 隔音毡：含金属颗粒的隔音毡，每平方米约8元。

◆ 吸音棉：块状／棉絮状吸音材料均可，每平方米约4元。

◆ 装饰层：考虑易清洁，不易燃材料为主。

◆ 防鼠网：网眼小于1厘米的金属网，每平方米约12元。

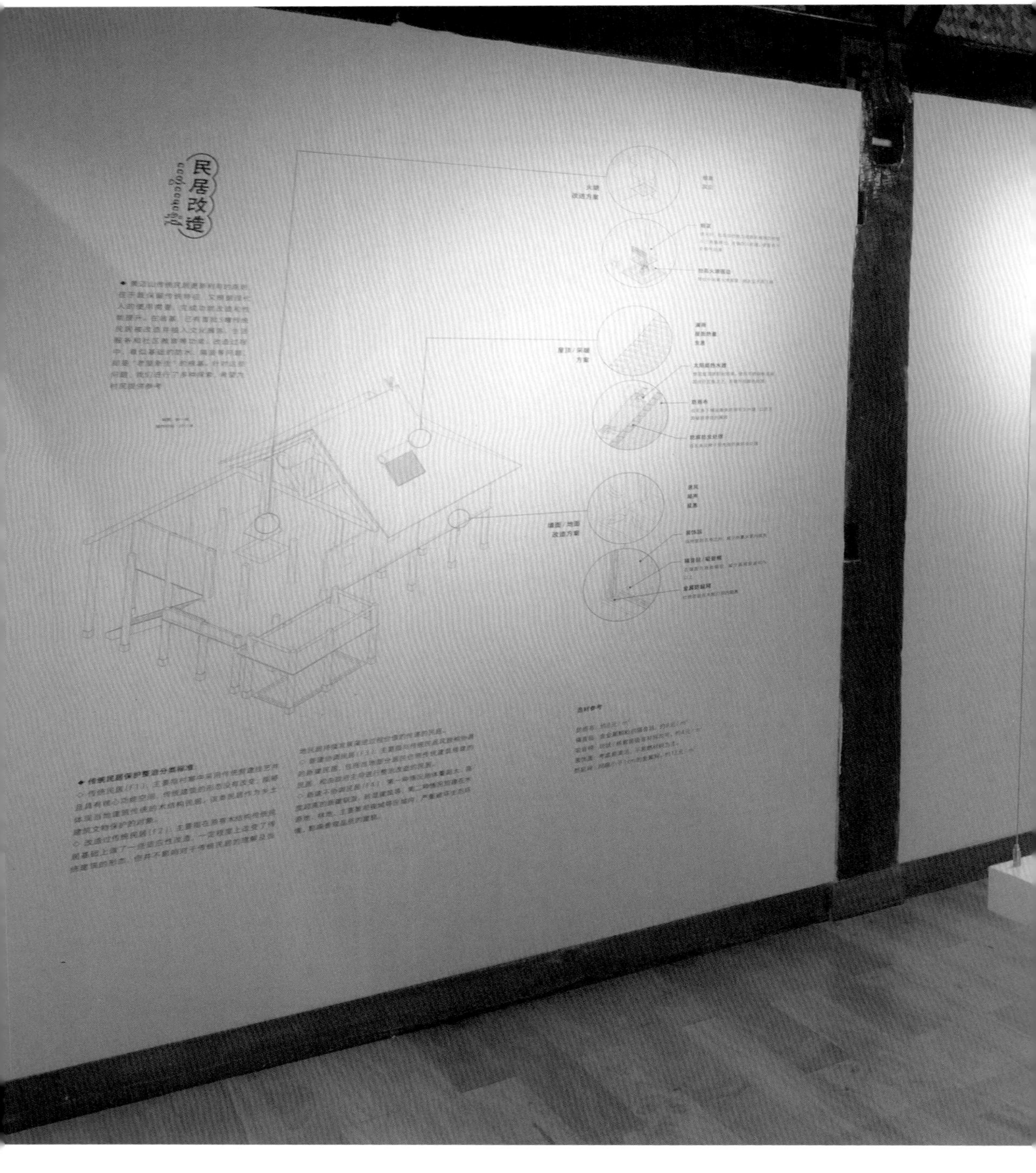
民居改造

◆ 翁基小展馆模型

比例：1∶30
材质：木质PLA
测绘：张一成
年份：2017年

3. 翁基生活

景迈山是茶山，布朗族是茶的民族，翁基人世代与茶相伴。跋涉于密林，求生于草木，于是在一片新绿中发现了生机；刀耕火种，育种养林，于是有了茶树的繁衍与茶林的绵延；水攻、火烤、陶煨、竹酿，给生活添上更多滋味，于是又意外延续出茶具之美、茶器之美、茶道之美……

但除了茶，翁基人的生活还有太多可说。传说、歌谣、饮食、医药、耕作、手艺、民俗、信仰……相同的是，它们都体现着布朗人的一种生活理念：基于自然运用人力，又以人力激发出自然之美。

3.1 茶祖故事

◆ 歌词：十朵花，梨花开，吉祥日，阳光好。今日贵宾来访，令我十分开心。请贵宾用心听，听我用古老的语言慢慢叙。今天我要唱的这位勐亮景连人，三十岁就成了部落首领。他是前所未有、最年轻的首领，他开辟了新的时代，给家园带来安宁。这位勐亮景连人，就是我们的祖先哎冷。哎冷建村、建寨又建城，他的恩惠四处播。后来村与村相通，城与城相连，最后建起了曼景连，曼景连成了极乐地。哎冷栽下大茶树，茶树发出新芽叶。哎冷砍下茶树枝，迁到寨里又生根。哎冷说，茶树新芽叶，珍贵如金子。因为哎冷种下的茶树有价值，商人把它带到景连城里卖。哎冷的茶树种满山林，古茶树永远伫立在山头。这些哎冷留下的茶树，成为我们永远的“金木”。贵宾啊贵宾，你听我说，因为有了茶树，这里变成了宝地，从此我们幸福又安康。今日贵宾来访，令我十分开心。请贵宾用心听，听我用古老的语言慢慢叙。我从三倒来到景迈，如何伤心也没有我离开故乡伤心。贵客从遥远的上海来，此刻请贵宾带走我的微笑。希望将来再相见，我能把汉语说得好。

《茶祖故事》
摄制：张红
监制：左靖
演唱者：玉罗
翻译：康朗香帕
时长：10分
年份：2017年

在茶祖故事中，茶作为一种灵药被发现。在布朗族先民的生活中，茶是众多“得责”（野菜）中的一种。最终茶脱颖而出，得到特别栽培，又被充分利用。酸茶、烤茶、苦米茶、请柬茶……千百年来，布朗人对茶的利用方式仍在不断丰富着。

采茶

蒸茶

摊晾

绘图：榆木
年份：2017年

酸茶

酸茶体现着布朗族“吃茶”的遗风。经发酵制作的酸茶，可以泡饮，可以拌上盐、辣椒后当菜，还可以配上生姜治疗痢疾。

装竹筒

埋地

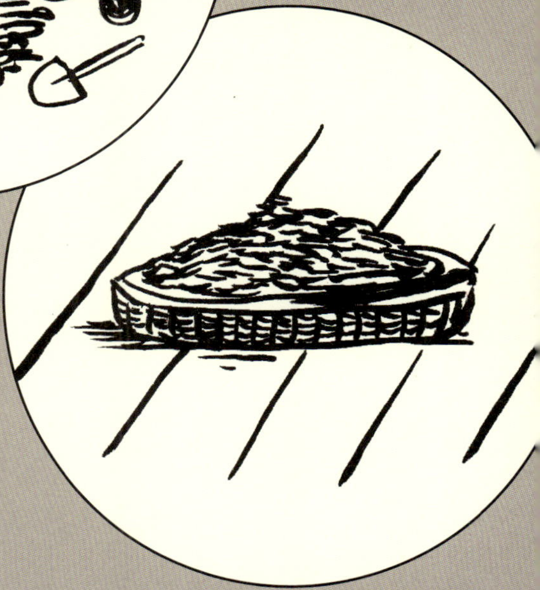

晾晒

烘烤

颠摇

放炭

绘图：榆木
年份：2017年

烧水

注水

烤茶

烤茶是布朗族自己创造的“茶道”。这一饮茶方式不仅和火塘文化息息相关，而且能凸显大叶种茶的醇和浓厚。

采茶

摊晾

杀青

绘图：榆木
年份：2017年

揉捻

晒青

制茶

近年来布朗族在延续本民族对茶的理解的同时，也学习吸收了现代普洱茶制作技术，生产出一系列既有品质保障又有地域特色的普洱茶产品。

翁基的手艺少有独门绝技、不传之秘，常常是日常所需、家家都会的。用竹筒装盛制作的茶叶，既清香润肺又方便携带；七根木头织成的挎包，采茶、赶集都能用；佛爷做的护身符，能拴住远行人的魂……这些朴素的手艺中总藏着惊人的美。生活，是翁基人最好的美育。

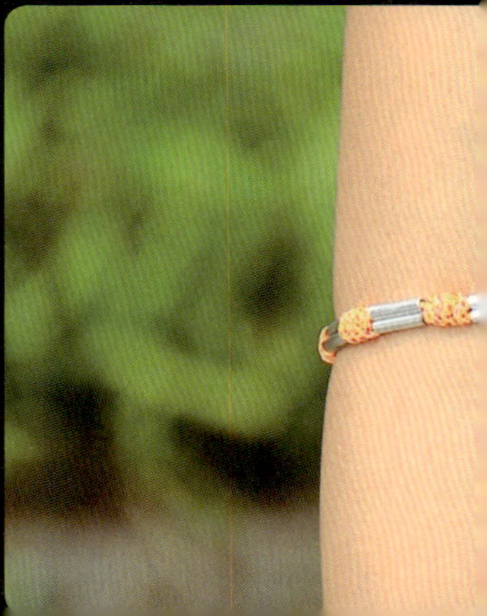

《南传上座部佛教护身符》

摄制：张鑫

监制：左靖

手艺人：岩依猛

时长：4分

年份：2017年

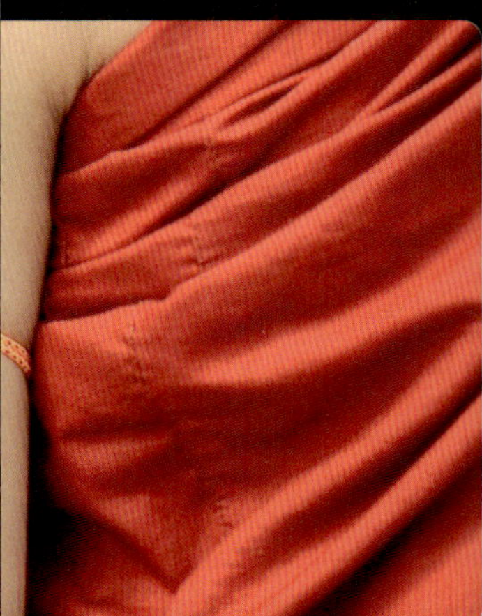

景迈山 · 翁基社
Wengji Village - Jingmai Mountain

《普洱景迈山竹筒茶》
摄制：张鑫
监制：左靖
手艺人：苏力在
时长：4分
年份：2017年

景迈山上共有125科489属943种植物，它们与茶一起，构成息息相关、环环相扣的古茶林生态体系。翁基人靠山吃山，靠水吃水，靠古茶林满足日常所用、所需。对翁基人来说，古茶林是宝藏，而这宝藏还有更多价值值得我们去发掘。

茶林上层以高大乔木为主，它们为茶遮阴，在乡土知识中，不同树种还会给茶带来不同滋味；茶林中层以小乔木与灌木为主，它们与茶一样潜力无穷，或产野果，或能赏花，还能制作器具；茶林下层以草本植物为主，它们为茶沃肥，大量成为村民日常的美食，甚至是治疗胃病、眼疾、骨折等的药物。寄生植物多寄生在古老的大树和茶树上。部分寄生植物会与茶树争养料，采摘利用也是一种人工调控。

上层

桤木　红椿　翠柏　楠木　云南石梓　菩提树　西南木荷　乌墨　构树　腊肠树

中层

番石榴　中国山樱花　白花羊蹄甲　云南多依　大果榕　漆树　苦竹　芭蕉　龙须藤　羽叶金合欢

中层

普洱茶　柊叶　烟草　水芹　蕺菜　薄荷　少花龙葵　密蒙花　干巴革菌　多汁乳菇　灰肉红菇

下层

石斛　乌舌兰　扁枝槲寄生　大叶梅　骨碎补

下层

蘘荷　薤白　辣椒　刺芹　草果　宽叶韭

中文名：桤木
别名：水冬瓜
科名：桦木科
拉丁学名：*Alnus cremastogyne* Burk.
水冬瓜长得快，落叶多，能固氮，能为茶树肥沃土地。叶能止血，皮治乙肝。

中文名：红椿
科名：楝科
拉丁学名：*Toona ciliata* Roem.
红椿在别处总因昂贵被偷伐，
在这里却被当成茶树的遮阴树。

绘图：冯芷茵
绘制时间：2017 年

中文名：翠柏
科名：柏科
拉丁学名：*Calocedrus macrolepis* Kurz
景迈山上的柏树常栽种在佛寺旁，
其中翁基古柏已有上千年历史。

中文名：楠木
别名：桂花木
科名：樟科
拉丁学名：*Phoebe zhennan* S.K.Lee et F.N.Wei
楠木是上品木料，但茶林里倒下的老楠木会被
认为有灵性而没人敢动用。

中文名：云南石梓
科名：唇形科
拉丁学名：*Gmelina arborea* Roxb. ex Sm.
石梓花汁可以用来给糯米粑粑染上黄色。
用石梓木做煮饭的甑子，饭不易坏。

中文名：菩提树
科名：桑科
拉丁学名：*Ficus religiosa* L.
传说释迦牟尼在菩提树下修成正果，
景迈山的佛寺附近都栽有菩提树。

绘图：冯芷茵
绘制时间：2017年

中文名：西南木荷
别名：红毛树
科名：山茶科
拉丁学名：*Schima wallichii* (DC.) Korth.
据说红毛树下的茶会变苦涩。但它又直又硬，
适合用作房屋的柱子、大梁。

中文名：乌墨
别名：羊屎果
科名：桃金娘科
拉丁学名：*Syzygium cumini* (L.) Skeels
乌墨的果子叫羊屎果。除了好吃，
种子还能治糖尿病。

中文名：构树
科名：桑科
拉丁学名：*Broussonetia papyrifera* (L.) L'Hér. ex Vent.
构树皮过去是造纸的材料。树根能治咳嗽，汁液能治皮肤病。

中文名：腊肠树
科名：豆科
拉丁学名：*Cassia fistula* Linn.
腊肠树是泰国国花。据老人说，过去困难时会用"腊肠"中的果实充饥。

绘图：冯芷茵
绘制时间：2017 年

中文名：番石榴
别名：麻里嘎
科名：桃金娘科
拉丁学名：*Psidium guajava* Linn.
果实可以降“三高”，叶子还能治腹泻。

中文名：中国山樱花
科名：蔷薇科
拉丁学名：*Prunus serrulata* (L.) G. Don ex London
近年来山上特意培植的植物。除了观赏，
樱花木还能用来做蜂筒。

中文名：白花羊蹄甲
科名：豆科
拉丁学名：*Bauhinia acuminata* L.
近年来山上特意培植的植物。除了观赏，花可以蘸酱生吃。

中文名：云南多依
科名：蔷薇科
拉丁学名：*Docynia delavayi* (Franch.) C.K. Schneid.
云南多依是山上最常见的水果，可生吃，可腌制，还能用来泡酒。

绘图：冯芷茵
绘制时间：2017年

中文名：大果榕
别名：枇杷菜、无花果
科名：桑科
拉丁学名：*Ficus auriculata* Lour.
叶子也叫“枇杷菜”，可以煮食。
果子与无花果类似，清甜软嫩。

中文名：漆树
科名：漆树科
拉丁学名：*Toxicodendron vernicifluum* (Stokes) F.A.Barkley
漆脂能为茶树驱虫。人碰漆树，皮肤就会发痒。

中文名：苦竹
别名：苦笋
科名：禾本科
拉丁学名：*Pleioblastus amarus* (Keng) Keng f.
苦竹的笋叫苦笋。苦笋味苦，要蘸酱料吃，是布朗族苦味食品的代表。

中文名：芭蕉
科名：芭蕉科
拉丁学名：*Musa basjoo* Sieb. et Zucc. ex Linuma
芭蕉果可食，花可以炖肉，嫩芯可以腌制或生吃。

绘图：冯芷茵
绘制时间：2017年

中文名：龙须藤
俗名：大豆角、平安豆
科名：豆科
拉丁学名：*Bauhinia championii* (Benth.) Benth.
布朗族常用作装饰的"大豆角"，是龙须藤的种子。
大豆角主产于佛教国家，里面豆子叫"平安豆"，
常用来供奉佛祖。

中文名：羽叶金合欢
别名：臭菜
科名：豆科
拉丁学名：*Acacia pennata* (L.) Willd.
臭菜用来炒蛋煮鱼，不臭反鲜。
臭菜的蛋白质含量比黄豆高。

中文名：普洱茶
别名：大叶种茶
布朗名：腊
科名：山茶科
拉丁学名：*Camellia sinensis var. assamica*
茶树分大叶种和小叶种，做普洱茶用大叶种。
茶树能长到三至五米，采茶常要爬树。

中文名：柊叶
科名：竹芋科
拉丁学名：*Phrynium capitatum* Willd.
用柊叶包食材，在火塘里焐熟，就是“包烧”。
柊叶也用来包粑粑。

绘图：冯芷茵
绘制时间：2017年

中文名：烟草
科名：茄科
拉丁学名：*Nicotiana tabacum* L.
山上人家常自种烟草，晒干卷烟。

中文名：水芹
科名：伞形科
拉丁学名：*Oenanthe javanica* (Bl.) DC.
水芹长在农田或水边，香味比芹菜浓。
水芹做汤或者生吃都行，还有通便的功效。

中文名：蕺菜
别名：鱼腥草、狗皮菜
科名：三白草科
拉丁学名：*Houttuynia cordata* Thunb.
蕺菜凉拌、生吃或当作佐料皆可，还有利尿、清热的功效。

中文名：薄荷
科名：唇形科
拉丁学名：*Mentha canadensis* Linnaeus
薄荷是布朗族最常用的“香草”之一，常与牛肉一同炖汤。

绘图：冯芷茵
绘制时间：2017年

中文名：少花龙葵
别名：苦凉菜
科名：茄科
拉丁学名：*Solanum americanum* Mill.
这是布朗族的一种苦菜，叶、果能食，
还能舒缓喉咙痛。

中文名：密蒙花
别名：染饭花
科名：马钱科
拉丁学名：*Buddleja officinalis* Maxim.
花可用来给节日吃的粑粑染上黄色，
还有润肝明目的效果。

中文名：干巴革菌
别名：干巴菌
科名：革菌科
拉丁学名：*Thelephora ganbajun* Zang
干巴革菌成熟时有牛肉干味，本地叫牛肉干“干巴”，于是得名。此类菌为菌中上品，至今未实现养殖。

中文名：多汁乳菇
别名：奶浆菌
科名：红菇科
拉丁学名：*Lactarius volemus* Fr.
多汁乳菇有牛奶般的汁液，它有抗癌的功效，更有趣的是能用于合成橡胶。

绘图：冯芷茵
绘制时间：2017年

中文名：灰肉红菇
别名：大红菌
科名：红菇科
拉丁学名：*Russula griseocarnosa* X.H. Wang, Zhu L. Yang & Knudsen
红菇违反“越鲜艳越有毒”的定律，
而且能提高免疫力，至今未实现养殖。

中文名：石斛
科名：兰科
拉丁学名：*Dendrobium nobile* Lindl.
山上的石斛有短棒石斛、束花石斛、鼓槌石斛等，
它们并不都是昂贵的石斛。

中文名：鸟舌兰
科名：兰科
拉丁学名：*Ascocentrum ampullaceum* (Roxb.) Schltr.
春天山上开满各种附生兰，鸟舌兰只是一种。
它们只依树而生，不与树抢夺养分。

中文名：扁枝槲寄生
别名：螃蟹脚
科名：檀香科
拉丁学名：*Viscum articulatum* Burm.f.
螃蟹脚除长在古茶树上，也会长在栗树等树木上。
布朗族医人说："它清热解毒，但不能乱用。"

绘图：冯芷茵
绘制时间：2017年

中文名：大叶梅
科名：梅衣科
拉丁学名：*Parmotrema tinctorum*
老茶树容易长地衣，大叶梅是其中一种。
茶树如果修剪过度，老枝太多，
地衣就会疯长而影响茶质。

中文名：骨碎补
科名：骨碎补科
拉丁学名：*Davallia trichomanoides* Blume
茶树上也附生各种蕨类植物。有些能生吃，
有些能治病。骨碎补就能治跌打损伤。

◆ 茶是布朗族不可缺的饮料，“香辣子”是布朗族不能缺的佐料，这种佐料即由十余种采摘自茶林田间的植物舂制而成。

中文名：蘘荷
别名：野姜
科名：姜科
拉丁学名：*Zingiber mioga* (Thunb.) Rosc.

中文名：薤白
别名：野蒜
科名：百合科
拉丁学名：*Allium macrostemon* Bunge

绘图：冯芷茵
绘制时间：2017年

中文名：辣椒
科名：茄科
拉丁学名：*Capsicum annuum* L.

中文名：刺芹
别名：卡佤芫荽
科名：伞形科
拉丁学名：*Eryngium foetidum* L.

绘图：冯芷茵
绘制时间：2017年

中文名：草果
科名：姜科
拉丁学名：*Amomum tsaoko* Crevost et Lemarie

中文名：宽叶韭
别名：大撇菜
科名：石蒜科
拉丁学名：*Allium hookeri* Thwaites

三

今日糯干

Nuogang Today

“今日糯干”是继2017年展览“今日翁基”之后，对普洱景迈山古茶林文化景观图谱的又一次绘制与展开。对景迈山的山民来说，古茶林是世世代代的生计与信仰所在。糯干老寨有着100%的传统民居比例，数百年来，糯干人在这片土地上传承着民族的技艺与生产经验，建构起日常的生活居所、家庭记忆以及信仰空间。

展览的视点落在这个深嵌在古茶林之中的糯干老寨，从地理、景观、物产、在地历史、日常生活、遗产保护等方面，展现这个景迈山遗产地特色最鲜明、保存最完好的傣族传统村落的壮美景致。“今日糯干”展览通过对保留完整的自然与文化景观的视觉呈现，以及对村寨日常生活的讲述，向世人展现糯干村的村落个性和文化魅力。

“今日糯干”展现了寨民与茶林生态之间的和谐关系，还原了寨民们真实的生活细节与内心愿望，帮我们拼贴出一个景观独特、尊重自然的民族村寨得以长久留存的历史逻辑。通过对糯干村寨文化的考掘，深入认知景迈山所孕育的自然与生命，无论是本地寨民还是外来访客，展览都希望激发人们虔心审视傣族祖辈留下的遗产与智慧，面对他者文化时的自信，并在对话中积极寻找有关未来的行动轨迹。

景迈山展示中心
惠民镇
糯干村展示点
景迈村展示厅
翁基村展示点
芒景村展示厅
遗产要素村落
申报遗产区
缓冲区
古茶林
分隔护林带
展示中心
展示厅
展示点
当前所在位置

1. 糯干村

1.1 遗产要素

1.1.1 古茶林

糯干古茶林以糯干山为中心，位于遗产区西北部，隶属景迈行政村。空间上又分为两个板块，总面积约146公顷。糯干老寨总人口377人。片区内海拔1450～1500米，南北最大距离2000米，东西最大距离1750米。每公顷样方内茶树占植物总数的90%左右，且有白檀、野柿、老虎楝、樟等44种乔木。

1.1.2 传统村落

糯干位于白象山脉西部的糯干山下，海拔1450米，距景迈大寨6000米，是遗产申报区内仅有的分布在山间小盆地、有湖泊水面的村寨。糯心湖距新寨100米，水面面积约4公顷，湖水清澈见底，环境优雅。糯心湖犹如一颗宝石镶嵌在景迈山林间。糯干老寨是申报遗产区内景观特色最鲜明、保存最完好的傣族传统村落。相传早年来此传教的佛教徒不慎将金子掉入湖中，村寨由此得名。

糯干老寨面积4.2公顷，2018年年末人口为377人。寨内村民普遍健康长寿，故而糯干还有“长寿村”之称。全村各类建筑334栋，其中老寨各类建筑140栋，传统民居比例高达100%。

老寨围绕村寨中央的寨心呈典型的向心式布局，道路顺应地形高低弯曲，形成生动多变的巷道空间，溪流穿村而过。糯干佛寺位于北侧山麓，包括寺门、佛殿、戒堂、僧房、佛塔等，占地面积0.1691公顷。主佛殿坐西朝东，屋顶中堂较高，两侧递减，建筑面积0.013公顷。传统傣族干栏式民居建筑占地面积0.0158公顷，建筑面积0.0138公顷。底层为架空层，轻盈通透；二层由前廊、堂屋、晒台等组成。建筑面阔约12米，进深约11米。

◆ 糯干遗产要素图

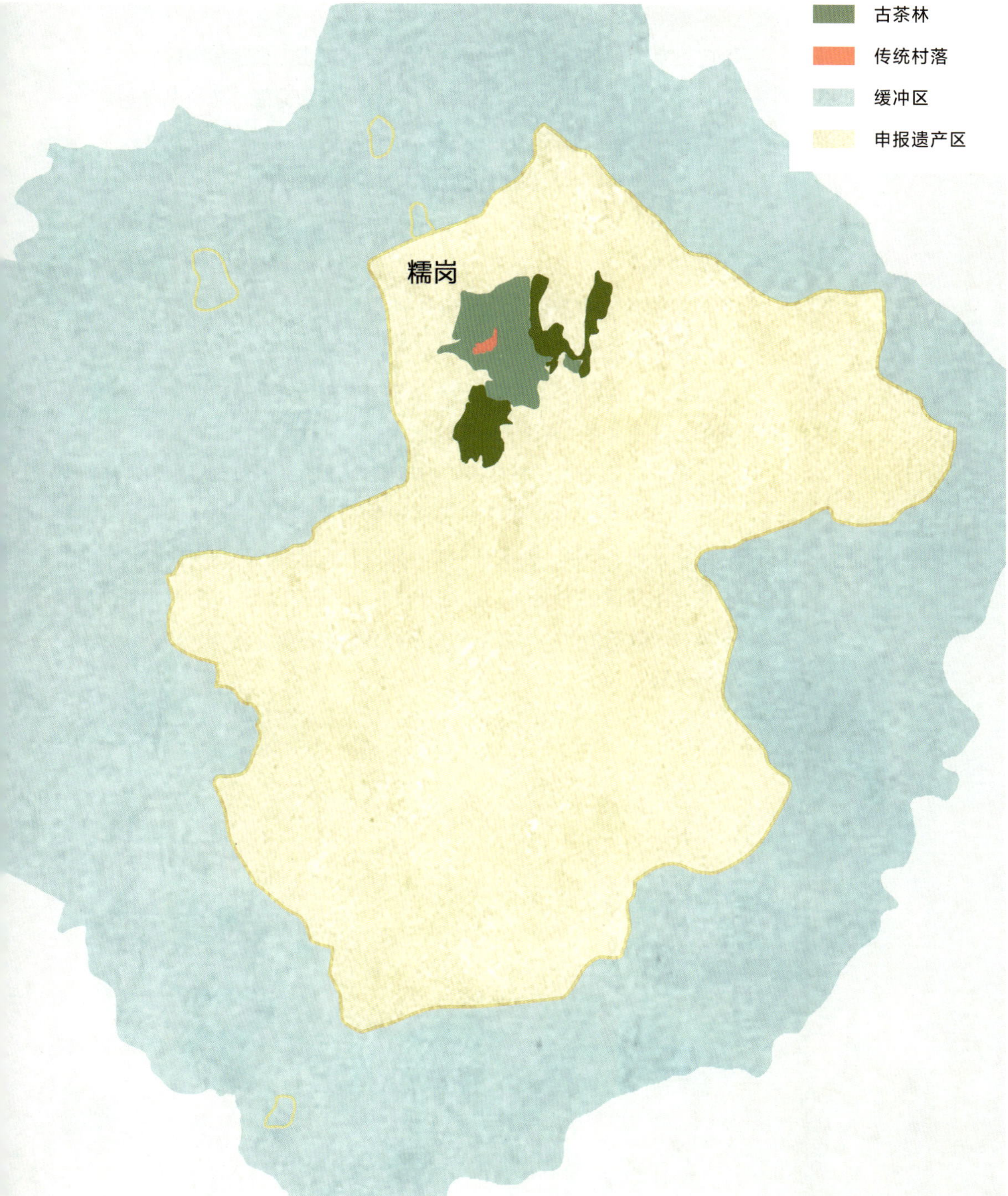

景迈山古茶林不仅努力保持每片古茶林的森林生态系统，而且为了避免大规模连片开发容易引发的低温冻伤、虫害传染等自然灾害，在不同古茶林片区之间保留部分森林作为分隔、防护之用，以确保整个景迈山古茶林能持续传承。分隔防护林历史上被轮作开垦过，近 50 年来因禁止耕作而逐步恢复了森林生态。

景迈—糯干古茶林分隔防护林位于景迈大寨白象山与糯干山之间的两条山脊上，面积约20公顷，目前是省级生态公益林地。天然林群落结构复杂，主要树种有勐海柯、小果栲、思茅栲、石栎、栓皮栎、普文楠等。平均树高 15米左右，平均胸径19厘米，是景迈大寨片区古茶林与糯干片区古茶林的分隔防护林。防护林两侧即为景迈大寨和糯干古茶林。

糯干—芒景古茶林分隔防护林位于糯干村寨北部的糯干山上，面积约 57公顷，属于糯干村集体林地、天然林。主要树种有小果栲、思茅栲、石栎、栓皮栎、钝叶榕、云南多依等。平均树高10米左右，平均胸径 10厘米，是糯干片区古茶林与翁基—翁洼片区古茶林的分隔防护林，同时也是糯干村寨的水源林，南侧有糯干水库和古茶林。

1.2 糯干地图

制图：杨林青工作室
制图时间：2021年

隶属行政村 **景迈村**

景迈山共有15个自然村，分属景迈村、芒景村两个行政村，其中糯干隶属景迈村。

民族 **傣族**

景迈山有汉族、傣族、布朗族、哈尼族和佤族等民族，糯干人口以傣族为主。

佛寺 **1**（座）

景迈山的傣族和布朗族主要信奉南传上座部佛教。

国保文物建筑 **79**（栋）

糯干老寨的古茶林文化景观遗产的价值载体在于其寨心、79栋国保文物建筑、糯干金塔、糯干佛殿、糯心湖和糯干河等。

古树 **9**（棵）

人口 **654**（人）

糯干分为老寨和新寨，人口共654人。其中，老寨作为遗产要素村寨，拥有96户，人口337人。

传统民居 **94**（栋）

傣族和布朗族传统民居均采用木构干栏式建筑。

合作社 **8**（个）

农民专业合作社是通过提供农产品加工培训、质量控制和销售运营等服务来实现成员互助的组织。糯干的合作社均为茶叶合作社。

古茶林 **146.28**（公顷）

耕地面积 **143.89**（公顷）

耕地包括旱地和水田，主要种植水稻、玉米、甘蔗、黄豆等。

古茶林茶树 **1973**（株）

茶产量 **26.33**（吨）

糯干2018年内茶产量为26.33吨。景迈山地区九成劳动力从事茶叶种植加工，其经济收入大多数来自茶叶采摘、制作与销售。

数据来源：
国家文物局
普洱景迈山古茶林保护管理局
澜沧县统计局
中共惠民镇委员会
澜沧县惠民镇人民政府
澜沧县惠民镇景迈村民委员会

采集时间：2018年

1.4 糯干素描

影片从老人家手持饭钵去往佛寺赕佛，蜡条香点亮古寨第一点光开始，徐徐展开糯干人的一天。男女老少各有其事，各有其乐。生产和生活皆围绕茶，一家赕佛，举寨同忙，歌舞、诵经与祈福。他们祈福茶叶好生长，日子常吉祥。

《糯干素描》

摄制：张红

监制：左靖

时长：15分

年份：2018年

受自然地形以及自然崇拜与南传上座部佛教信仰体系等影响，糯干村寨依山而建，傍水源而居，在村寨中地势较高的台地上建设佛寺。出于对寨神的尊敬，村寨内部建筑与街道基本围绕寨心集中紧凑布局。

每个民族的村寨建设都有自身特点。糯干等傣族村寨只有一个寨心，即使建设新寨，也不另设寨心。寨心设在各村寨的中心位置，不仅是村民祭祀寨神的地方，也是自远古保留下来的部落象征。早期寨心较为简单，就是一根 20 厘米粗的柱子，前面再搭一个祭祀台。后来，1根神柱演变为5根神柱，中间的柱子代表布朗族的祖先帕哎冷，周围的4根柱子代表四面八方的神灵。

民居围绕着寨心由内向外依次扩展而建，上下成行，左右成排，且每户的道路出口和门口都朝着寨心。排与行之间是整洁的巷道，顺次延伸至每户民居，并且直通寨心，构成完善的交通网络。

合作社

绘图：李国胜
绘制时间：2021年

村寨没有范围界定，随着村寨的不断发展，居民建筑也不断向四周扩张。为控制村寨的规模，早期村民每三年便用山茅草围一次寨子的范围，到时由村子里的宗教活动负责人主持，全村人每户都到山上割一小捆茅草，再把茅草一捆捆地打成结连接起来，将所有民居围在里面。

景迈傣族信仰南传上座部佛教，每个寨子都建有一座佛寺和佛塔。佛寺和佛塔一般建在距离寨心不远的地方，它们是村民的宗教活动场所。

每个村寨还要建盖一栋撒拉房。撒拉房建在进入寨子的主要通道旁。整栋房子通间相连，四周没有墙、茅草或瓦屋面。里面用木板做几排简易木凳或木床作休息台，它是为路人提供乘凉休息或夜宿的场所。

风雨桥

村寨空间

村寨空间

绘图：李国胜

绘制时间：2021 年

佛寺

民居

村寨空间

绘图：李国胜

绘制时间：2021年

观景台

民居

村寨空间

民居

绘图：李国胜

绘制时间：2021年

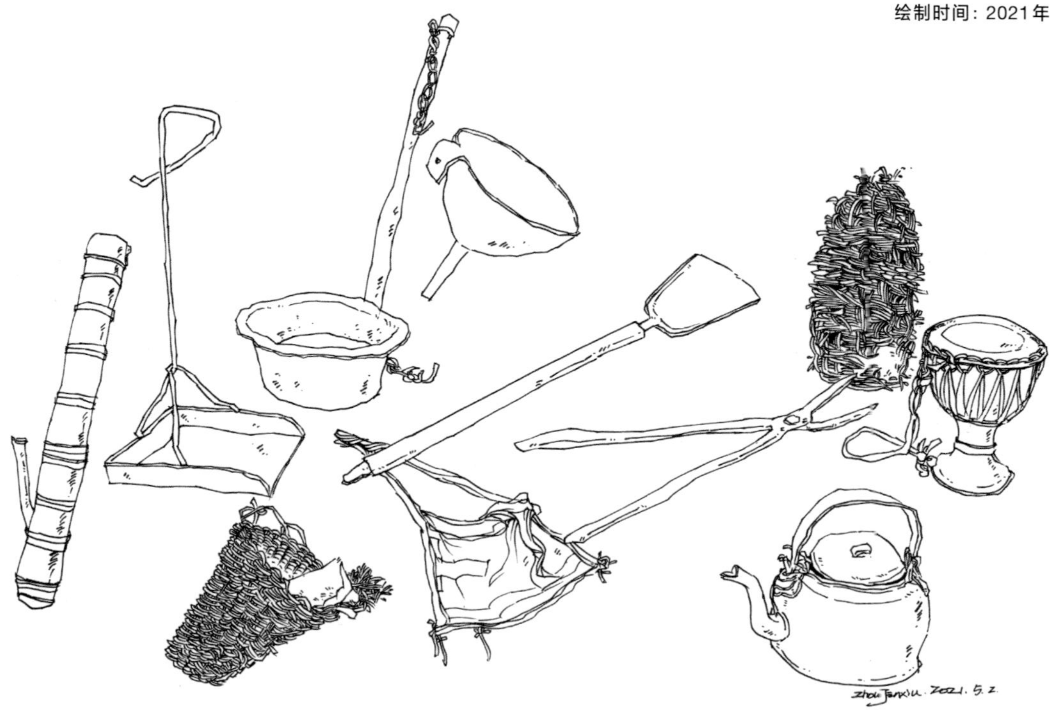

生活用具

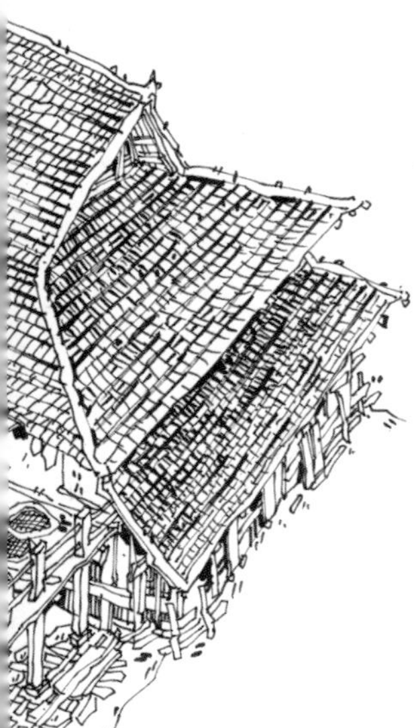

2017年4月，摄影师慕辰为糯干村民拍摄了他们与自家居所的合影。2021年，摄影师张鑫和朱锐又对这些村民进行了回访，为他们和修缮改造后的房屋拍摄了新的合影。在这一系列作品中，我们可以看到人与人、人与空间之间不断生长的关联。

2017年

摄影：慕辰
年份：2017年

户号：糯干10
户主：岩依种
图中人物为岩依种与其妻子
家中共两口人
图中房屋于2017年修缮

2021年

摄影：张鑫　朱锐
年份：2021年

户号：糯干10
户主：岩依种

2017年

摄影：慕辰
年份：2017年

户号：糯干31
户主：岩列
图中人物为波仙罗和咪仙罗（夫妻）
家中共六口人
图中房屋于2017年修缮

2021年

摄影：张鑫　朱锐
年份：2021年

户号：糯干31
户主：岩列

2017年

摄影：慕辰
年份：2017年

户号：糯干58
户主：岩陆
图中人物为岩陆及其母亲
家中共两口人
图中房屋于2017年修缮

2021年

摄影：张鑫　朱锐
年份：2021年

户号：糯干58
户主：岩陆

2017年，何崇岳为糯干村民拍摄了一张村民大合影，用镜头记录下了群体人文记忆中重要却转瞬即逝的人与事。

《糯干大合影》
摄影：何崇岳
年份：2017年

景迈山传统村落基本格局保存较好，村落的位置没有变化，竜林、寨心、佛寺、古树等保存完好，传统民居及与环境协调的现代建筑占总建筑数量的80%左右。

由于气候潮湿，干栏式建筑一般30年左右即需更新置换，现存于申报遗产区的大多建于20世纪90年代，传统民居的风貌依旧保存完好。

2015年10月，景迈山传统村落保护利用工程正式实施。糯干开展了传统民居修缮、环境整治、消防、展示利用等五个分项工程，文物建筑修缮比例达到96%。

4月20日 拆除酥碱瓦片与糟朽木构件

屋主 岩依赕老人

4月25日

◆ 寨内老建筑的主要问题有梁柱倾斜、木构件糟朽、瓦件酥裂残破等，部分建筑存在安全隐患。《糯干39号傣族民居修缮记录》记录了位于老寨北部、佛寺西侧的一座F1类传统民居（编号NG39）为期18天的修缮过程，展现了傣族传统干栏式建筑的空间结构、建造工艺和民俗习惯。

《糯干39号傣族民居修缮记录》
摄制：张红
监制：左靖
时长：17分
年份：2019年

糯干传统民居能够适应地形起伏、气候湿润等自然条件以及晒制、存储茶叶等生活需求，每户的主房面阔8～10米，进深12～16米，面积150平方米左右。每户一般由主楼、与主楼相连或分离的掌台、独立的谷仓三部分组成。主楼两层，楼下堆放杂物，楼上供居住。火塘一般设在正屋中间。

傣族和布朗族传统民居结构相似，但细节上有区别。最为显著的是傣族屋脊以黄牛角作为装饰符号，而布朗族则饰以大叶茶“一芽两叶”的符号。傣族建筑主房内会选择两根柱子分别代表男性和女性，其中男性神柱是家庭祭祀的场所。

目前对村落风貌保存完好的糯干老寨采取的是整体保护。保护措施应完善传统村落的生活条件：改造完善村落内基础设施，鼓励和指导居民在传统民居建筑内进行优化改造，满足居民对现代生活的需求，实现现代生活需求与传统乡土建筑的和谐演进。

测绘：张一成

制作时间：2021年

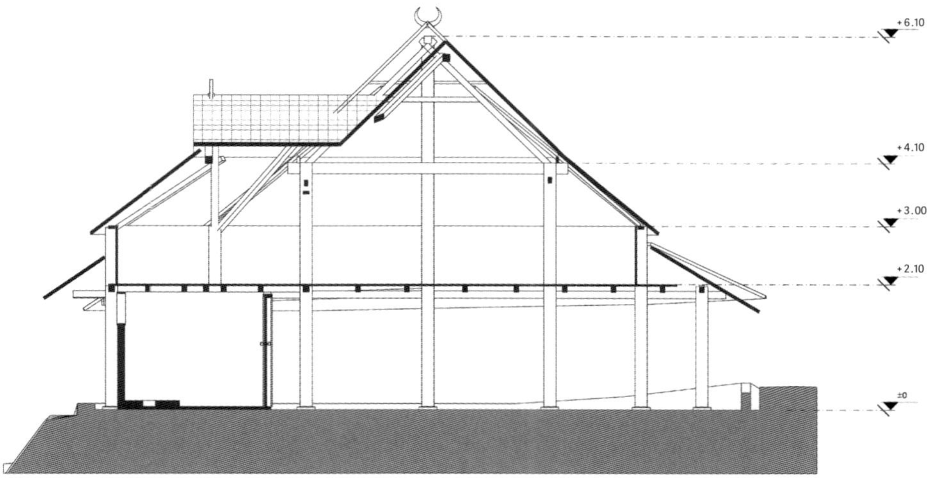

◆ 剖面图

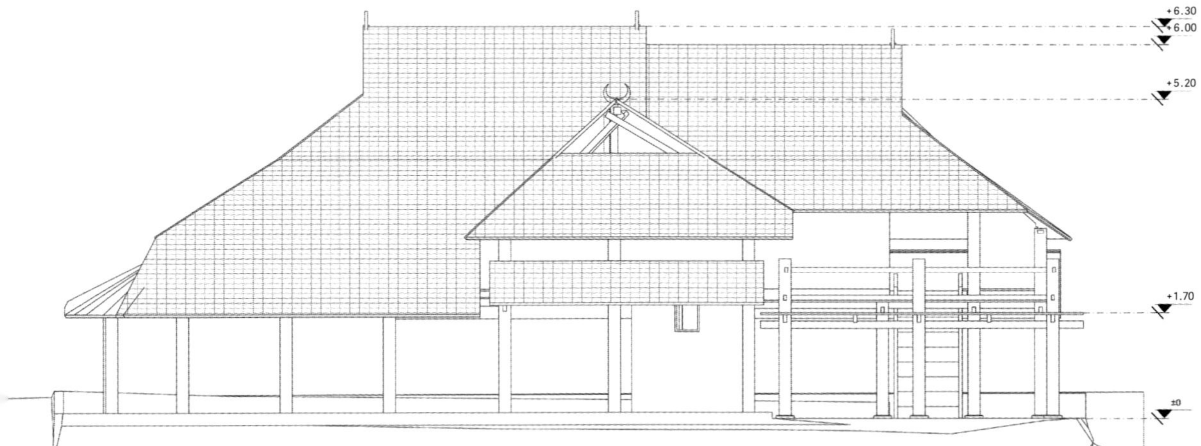

◆ 正立面图

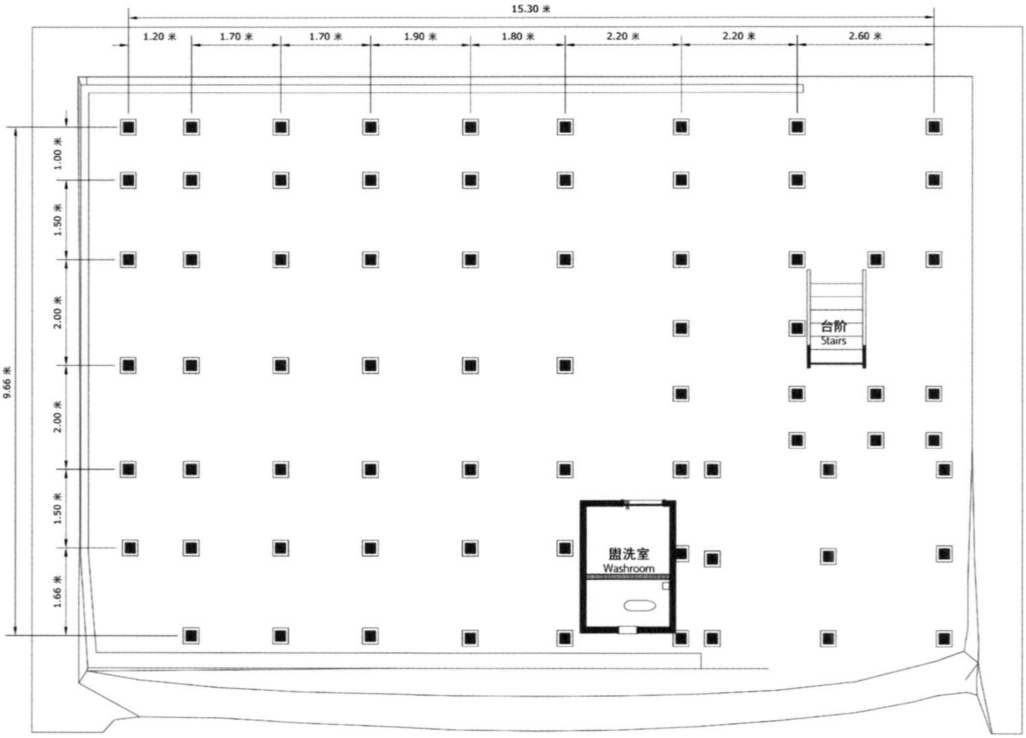
15.30 米
1.20 米
1.70 米
1.70 米
1.90 米
1.80 米
2.20 米
2.20 米
2.60 米
9.66 米
1.00 米
1.50 米
2.00 米
2.00 米
1.50 米
1.66 米
台阶
Stairs
盥洗室
Washroom

◆ 一楼平面图

测绘：张一成
制作时间：2021 年

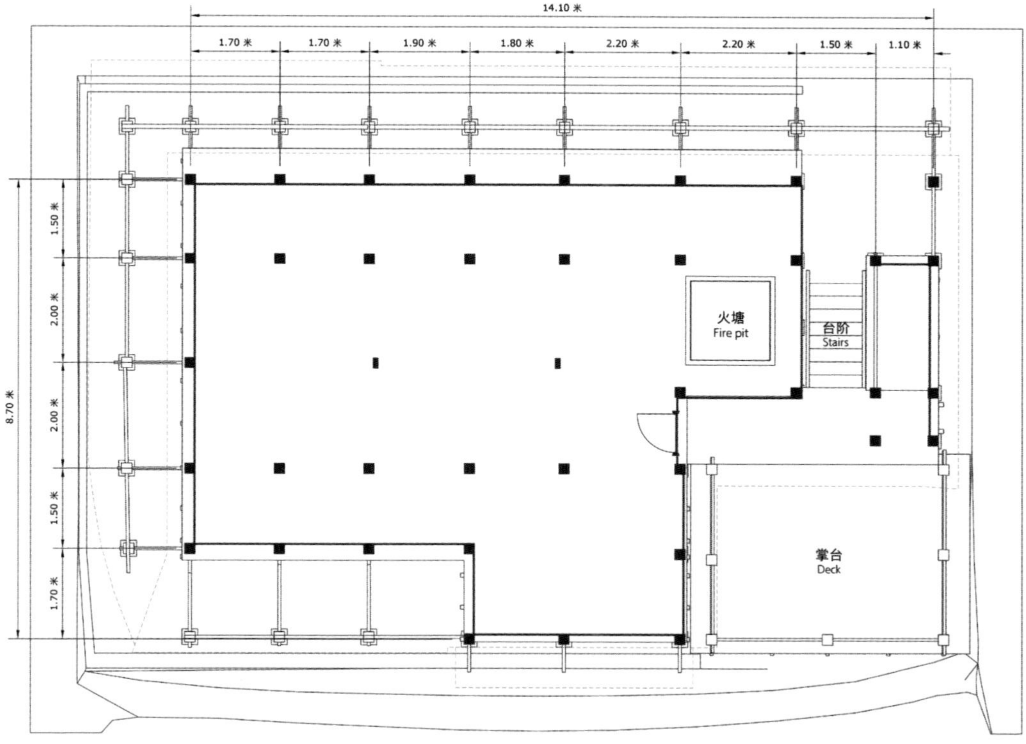

◆ 二楼平面图

◆ 常见生产布局

晾晒

农具存放

交通工具（一楼）

茶叶加工（一楼）

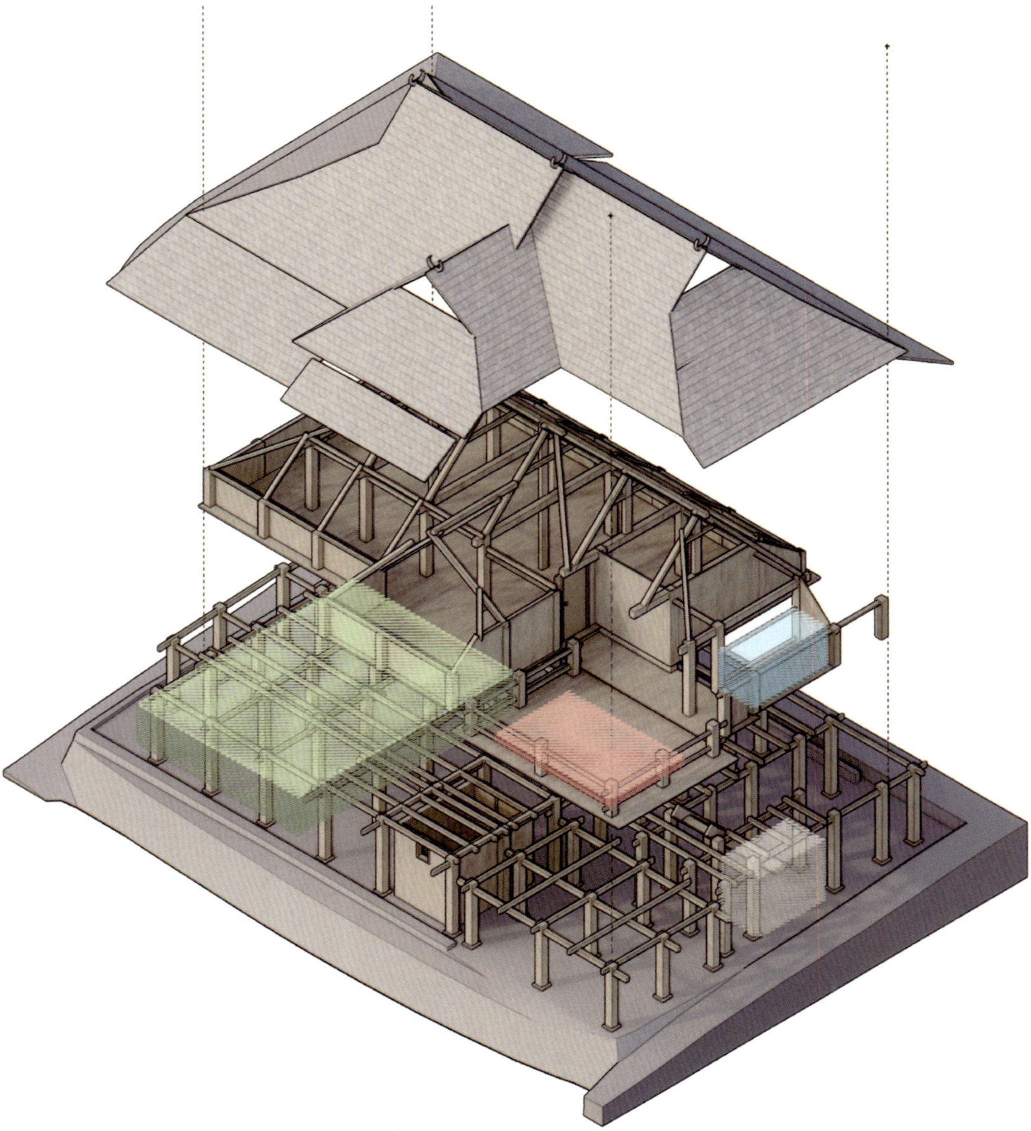

◆ 传统民居空间格局

测绘：张一成
制作时间：2021年

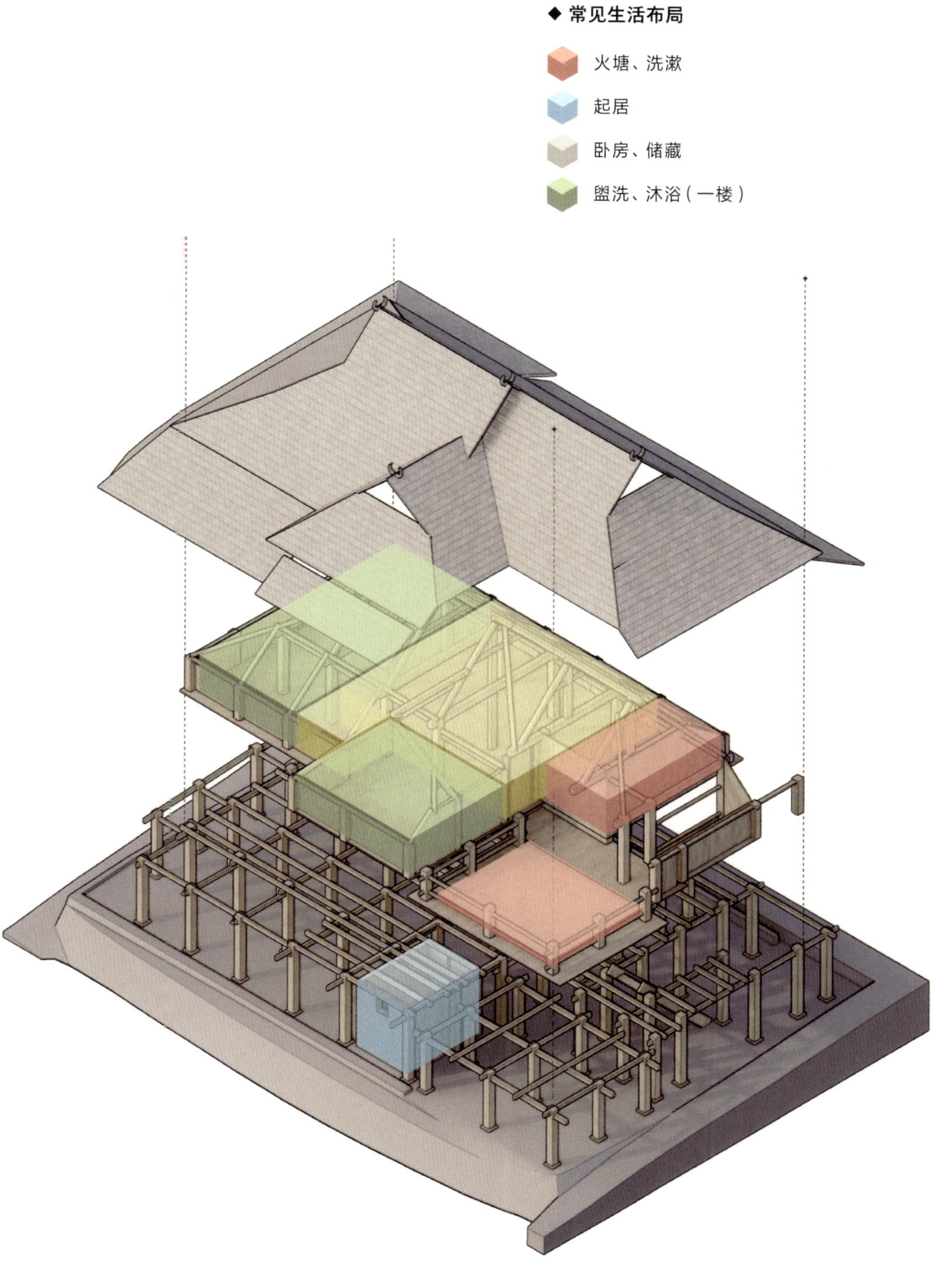

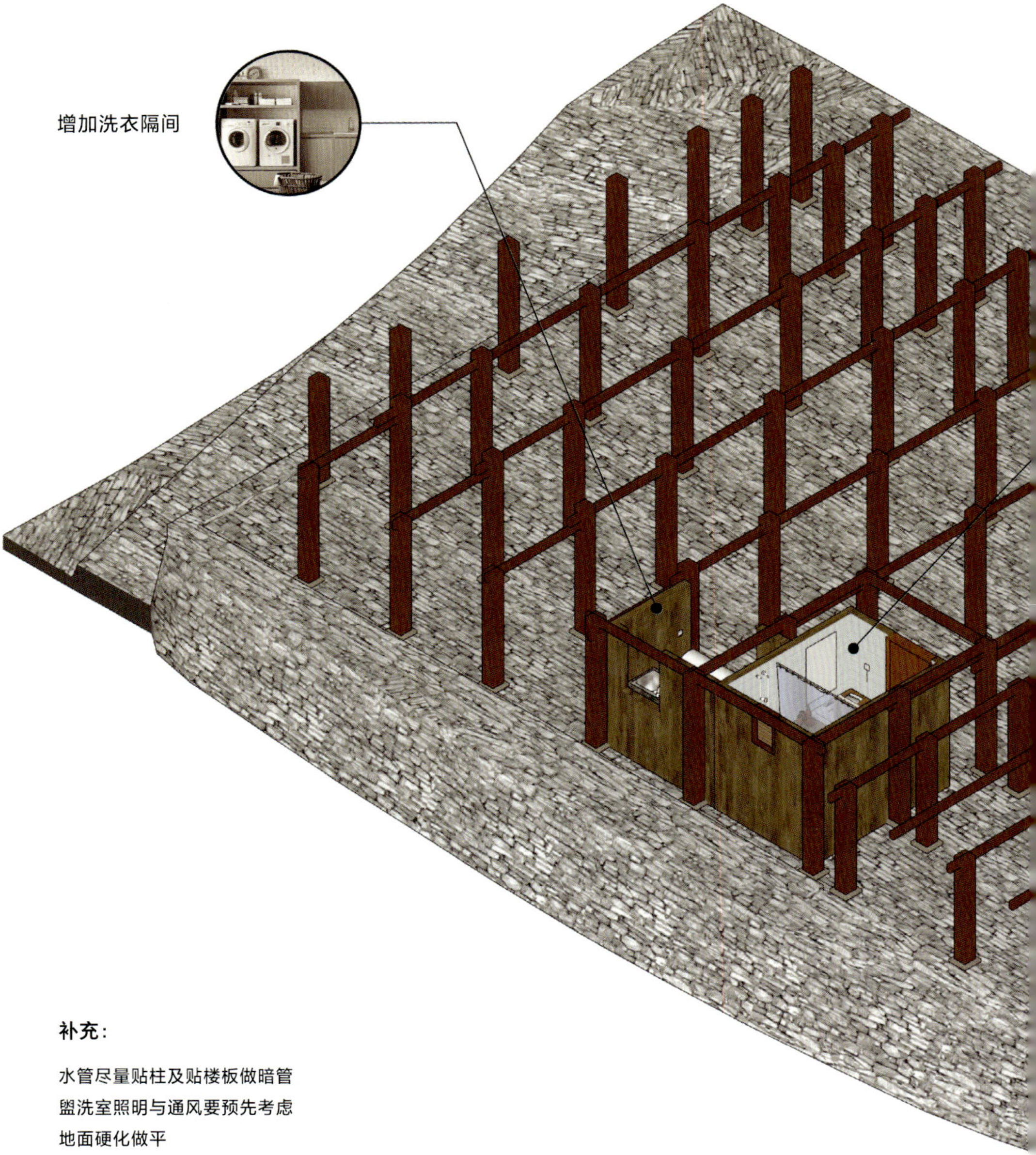

补充：

水管尽量贴柱及贴楼板做暗管
盥洗室照明与通风要预先考虑
地面硬化做平
柱子刷防腐木油

测绘：张一成

制作时间：2021 年

◆ 一楼布局图

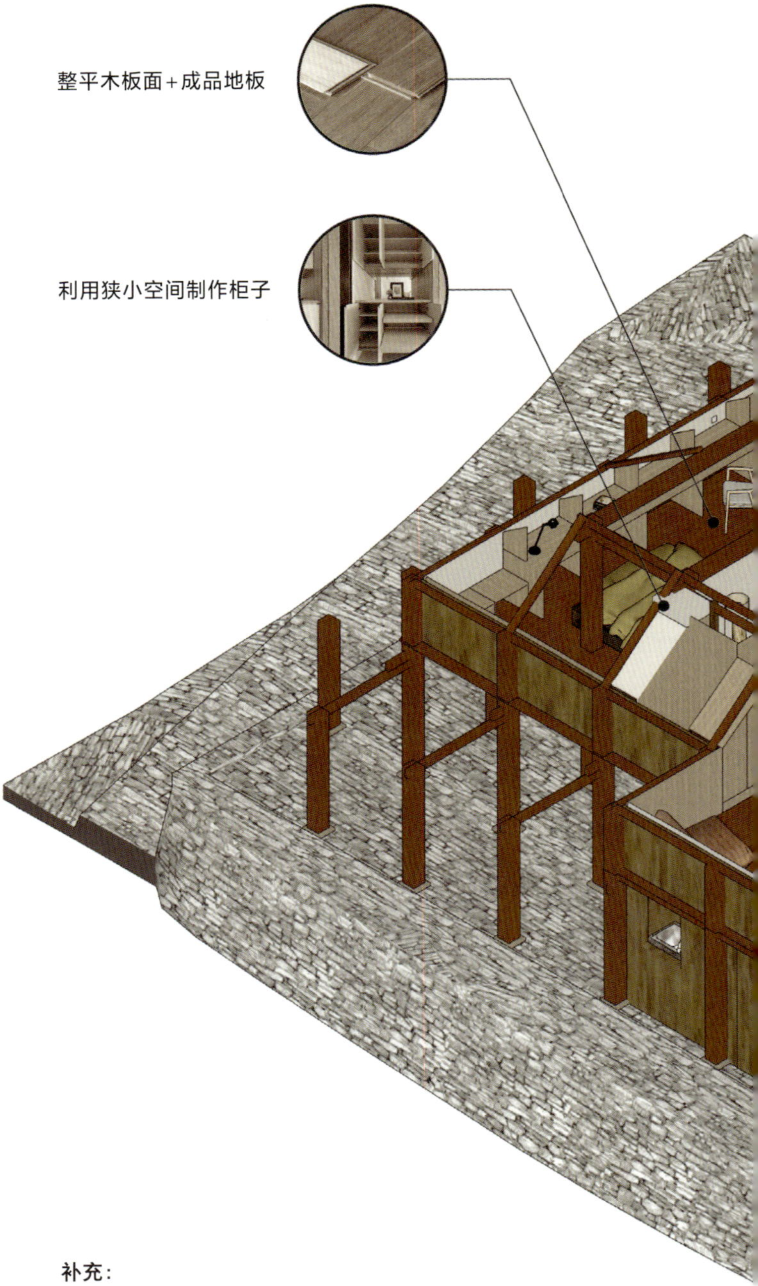

◆ 二楼布局图

补充：

电线须穿防火线管
屋顶可依室内功能划分做部分吊顶
外露木板可预先做好防腐处理

◆ 民居改造示例

测绘：张一成
制作时间：2021 年

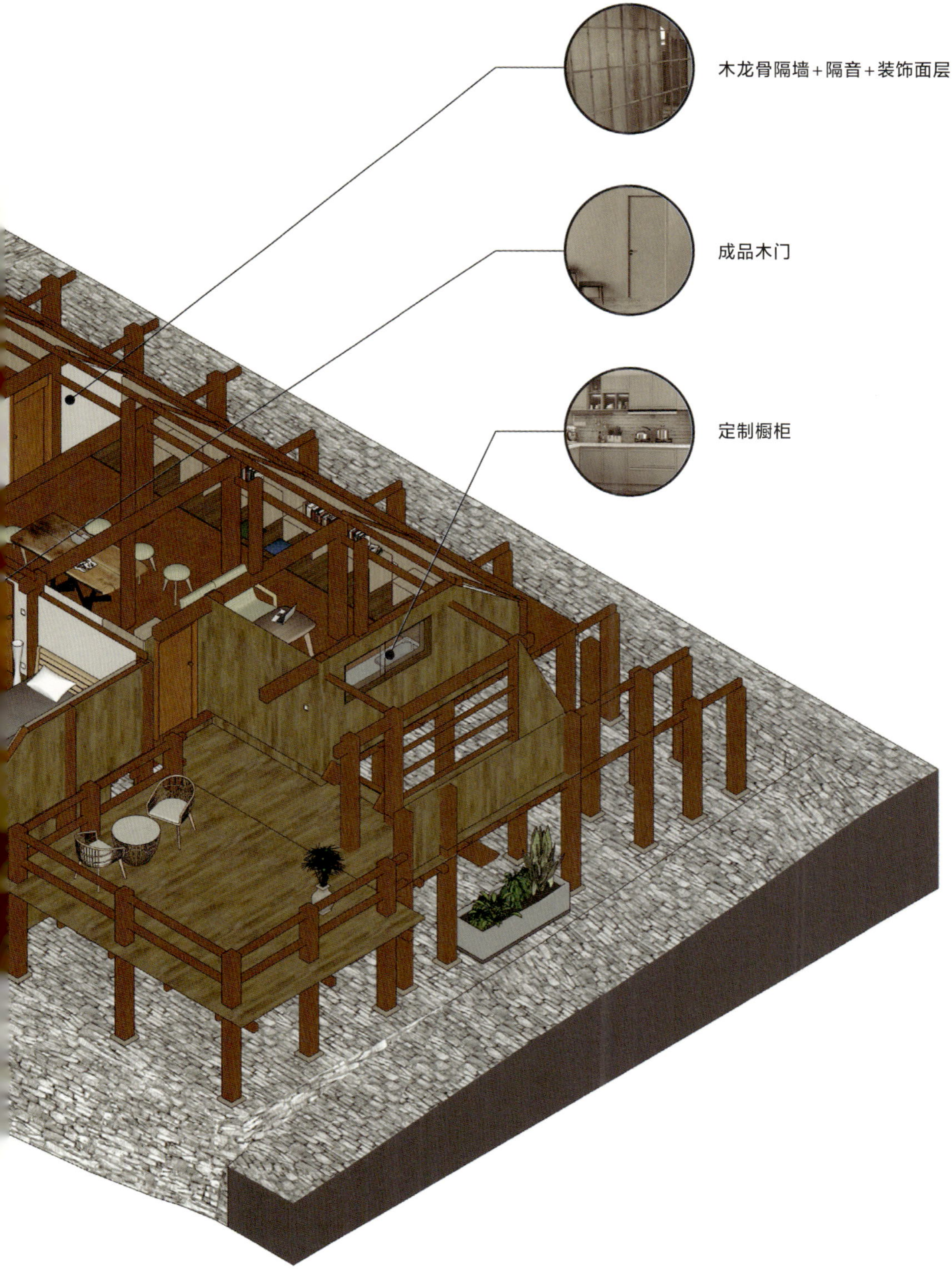

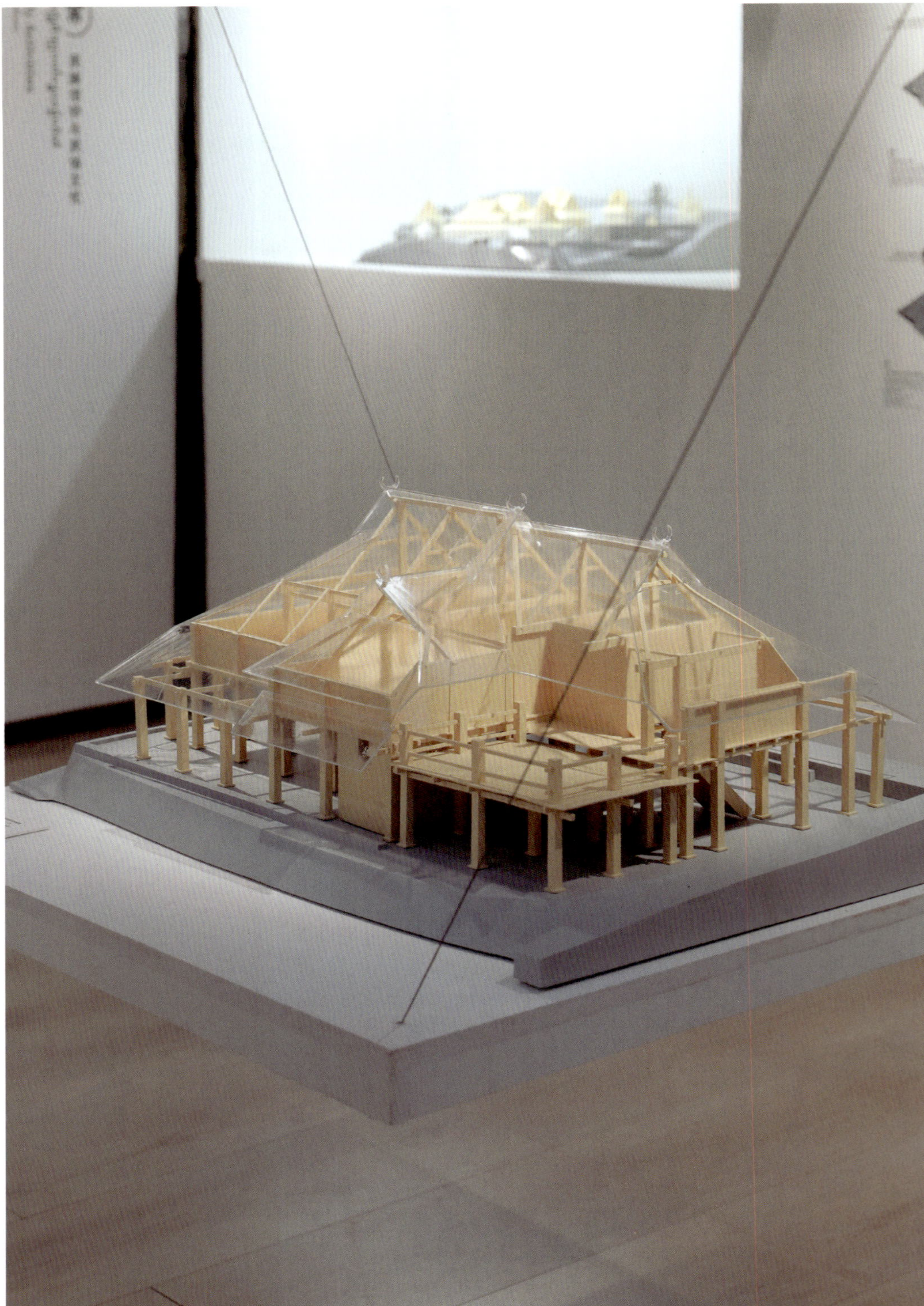

◆ 傣族民居结构模型（左页图）
比例：1:25
材质：树脂3D打印

◆ 傣族民居剖面模型（右页图）
比例：1:25
材质：树脂3D打印

4. 礼仪与日常：民族信仰与民俗文化

据口传历史及佛寺经书记载，景迈村傣族自称来自“勐卯豪发”，意为“远在西边天国的勐卯”，即现云南省德宏州。傣族大部分地区信奉南传上座部佛教，景迈村傣族也不例外。南传上座部佛教的宗教仪式与奉行万物有灵、祖先崇拜的民间信仰，在景迈村傣族日常生产生活中普遍存在，进一步构成了傣族社会的宗教道德观与生活准则，从而共同形成了景迈村傣族的社会秩序与文化象征符号，即“傣族的礼”。考察糯干的信仰空间与日常礼仪交往，是思考傣族传统社会在现代语境下如何调适自身与外界的关系，从而使得这一生动的人文景致得到新的传承。

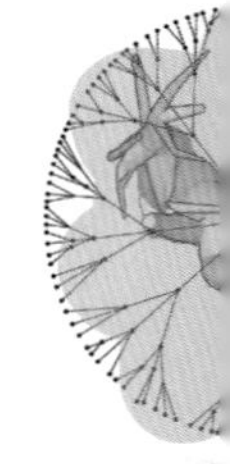

糯干佛寺位于村寨北侧高台上，包括寺门、佛殿、戒堂、僧房、佛塔等，占地面积约0.1691公顷。主佛殿坐西朝东，重檐悬山砖木结构建筑，屋顶中堂较高，东西两侧递减，建筑面积约130平方米，建筑年代据村内长者所述已近百年。

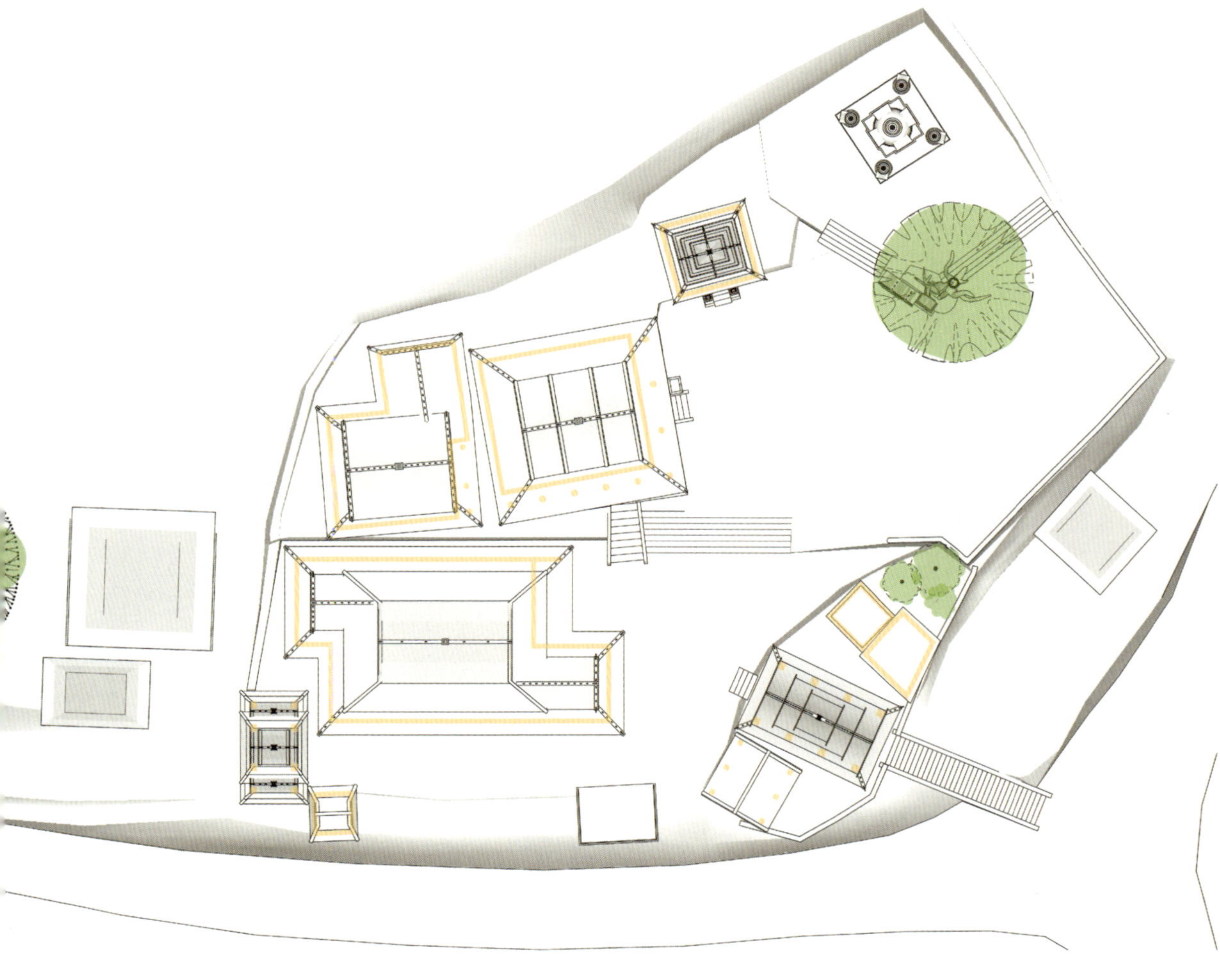

◆ 糯干佛寺测绘图

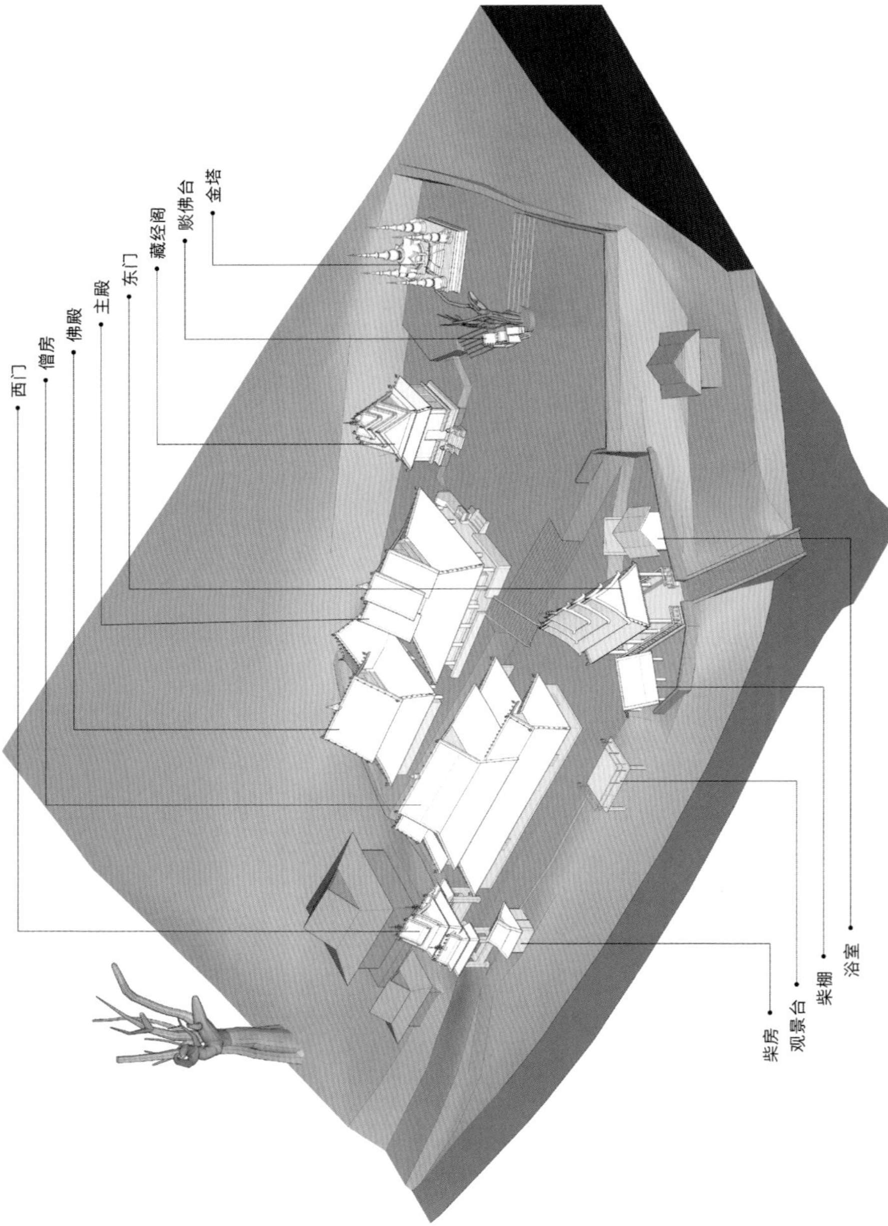

◆ 糯干佛寺

◆ 糯干佛寺测绘图

测绘：张一成

制作时间：2021年

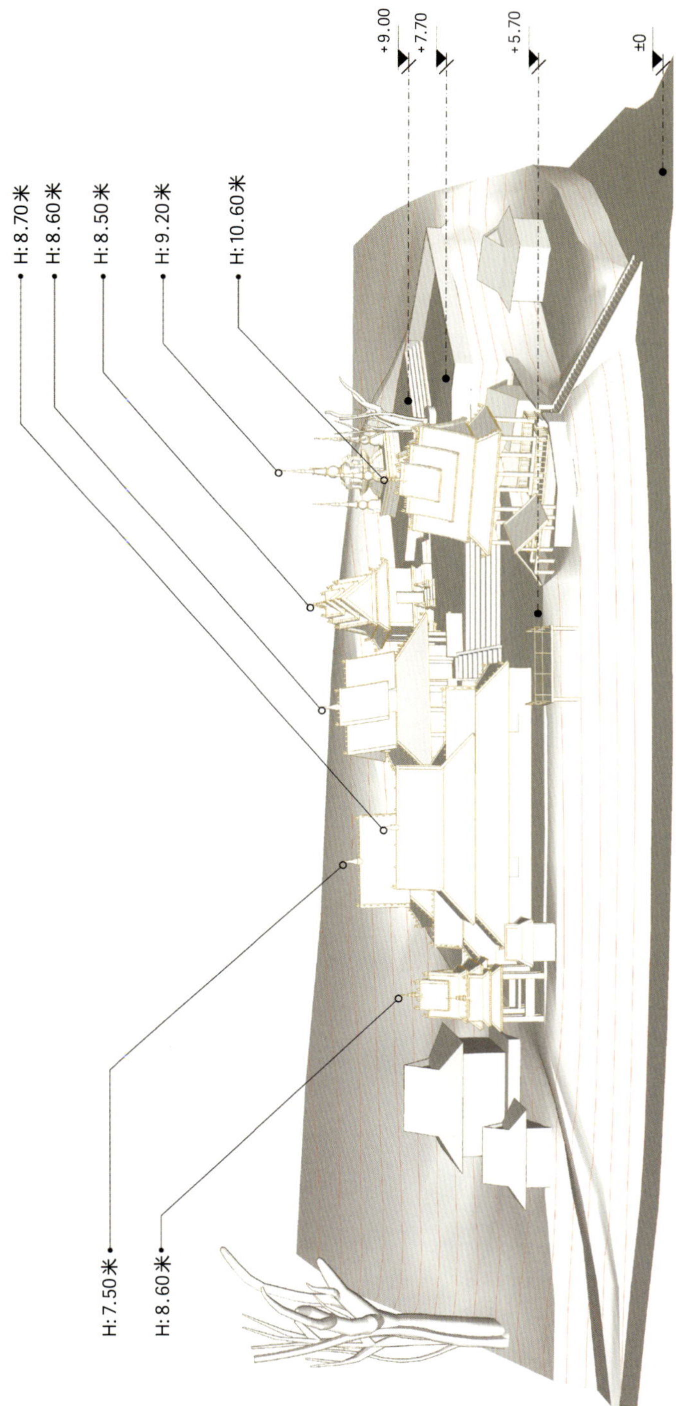

◆ 高度尺寸

注：建筑标高为建筑内地坪到顶部装饰件距离。

◆ 糯干佛寺模型

比例：1∶100
材质：树脂3D打印
测绘：张一成
年份：2021年

过赕（音dǎn，过赕即敬奉佛祖的仪式）是家族的荣耀，全村的盛事。寺中的一砖一瓦，赕佛的一事一物，都寄托着山民最美好的愿望。

糯干佛寺

◆ 傣族村落一般都有寺庙，建在村落的中心或最高处。糯干佛寺的建筑构成包括寺门、主殿、大殿、佛塔、藏经阁等。

绘图：姜丽
年份：2019年

◆ 主殿供有佛像，既是佛爷和村民礼佛的空间，也是僧人受戒等仪式的举行之地。主殿是糯干佛寺中最精致的建筑。

主殿

僧房

◆ 僧房是寺内僧众居住的房舍。

佛塔

◆ 佛塔原用来供奉舍利与圣物，具有神圣意义。糯干的佛塔为金刚宝座式，建在菩提树边，寓意佛祖悟道后向菩提树致敬。

绘图：姜丽
年份：2019年

◆ 象脚鼓为举行宗教仪式和跳舞时最常见的乐器。有人说跳象脚鼓舞时身体要微屈，是因信仰佛教常常跪拜形成的舞姿。

象脚鼓

佛扇

◆ 佛扇是佛爷专用的扇子，在诵经时遮住眼睛表示“收摄根门”。扇子可用棕榈、竹子、布等材质制作。

锡杖

◆ 佛爷念经、喊魂、送葬都要携带锡杖，轻点村民额头就代表赐福。传说是佛祖游历随身之物，所以手持锡杖代表佛祖。

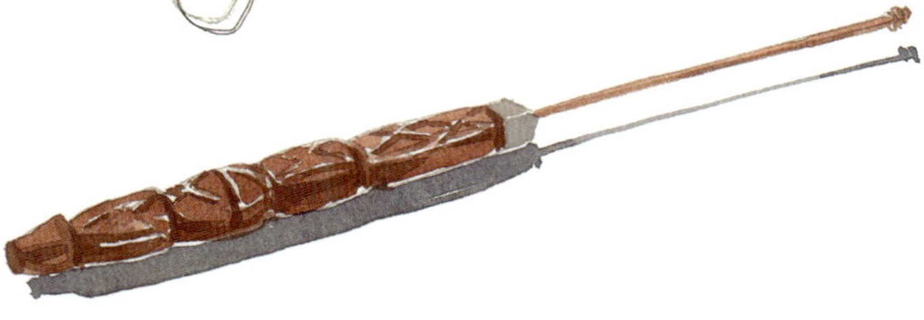

马宝

◆ 佛前供像的一种，马身带鞍缰，背驮宝珠，表示佛法传播广远。

滴水壶

◆ 在“滴水”仪式中需要准备一把小壶，将壶中清水下滴，同时念诵特定经文，用于祝福、超度等。

蜡条和竹编盒子

◆ 蜡条是用蜂蜡制作的蜡烛，听经时需要点燃手执。也可以和1元纸币一起作为赕佛时给主人的礼物。

绘图：姜丽
年份：2019年

铜片圆钟

◆ 铜片圆钟像锣但没边，中心厚而凸起，一般悬于佛殿。佛爷每诵完一段经文，就会敲击几下。

三角钟

◆ 三角钟属磬一类，上尖下宽，两侧尖角翘起。大的挂在佛殿，在赕佛的人捐功德时敲击。小的为佛爷开路所用。

答寮

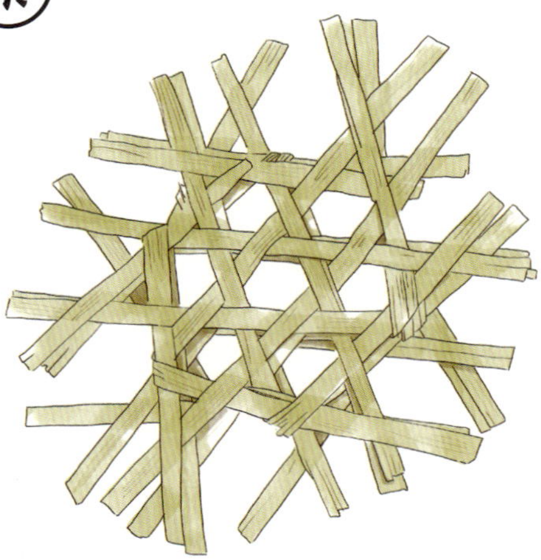

◆ 答寮是一种竹篾编制的六角形网状用具，在寺庙或家中都很常见，据说是辟邪之用，可以挡住不洁之物。

赕品

◆ 村民赕佛时常见的赕品可包含缩小了的陶器、桌椅、刀具乃至各种村民的生活用品。

景迈山傣族能歌善舞，其音乐舞蹈源自生活，丰富多彩，或与信仰有关，或为歌唱美丽茶山及幸福生活和爱情。

◆ 糯干村民爱选永在影片《糯干山歌》中用歌声表达了对家乡的热爱，欢迎四面八方的客人来此游玩、建设。

《糯干山歌》
演唱者：爱选永
傣文翻译：岩糯叫
摄制：张红
监制：左靖
时长：3分
年份：2018年

四

芒景村

The Mangjing Administrative Village

1. 芒景村概述

地理

芒景村位于云南省普洱市澜沧拉祜族自治县惠民镇，距县城79千米。北边与景迈傣族村为邻，东南边与西双版纳州勐海县勐满镇接壤，南面和西面与糯福乡相连。芒景村总面积为4031公顷，村委会下辖芒洪、芒景上寨、芒景下寨、翁基、翁洼、那乃6个小组，前5个小组为布朗族村寨，那乃为哈尼族村寨。

历史

根据芒景布朗族老人的口述，在一千多年前，布朗族先民已经迁徙到景迈山并发现、驯化、栽培茶树。布朗族的首领帕哎冷率领部落成员一路南迁，最后发现“来干发”（今芒景山）就像一头肥胖的大象，土地肥沃，是繁衍生息的好地方，就此安营扎寨，称为“芒景汪弄翁发”（译为布朗族中心大寨）。布朗族后人奉帕哎冷为茶祖。

布朗族与茶

作为山地森林农业文化景观的杰出代表，景迈山古茶林保留了传统的“林下茶种植”方式，居民利用天然林形成了从海拔1250米到山顶1600米的栽培型古茶林。森林—古茶林—村落的空间关系建构了生产、生活和生态用地的空间合理分布、功能有机融合，显示出因地制宜的土地利用技术和村寨建设技术，彰显了人与自然和谐、人与人和谐的朴素生态伦理和智慧。

景迈山展示中心
惠民镇
景迈村展示厅
糯干村展示点
翁基村展示点
芒景村展示厅
遗产要素村落
申报遗产区
缓冲区
古茶林
分隔护林带
展示中心
展示厅
展示点
当前所在位置

茶在布朗语中被称为“腊”。布朗族是最早掌握茶树种植技术的民族之一。传说帕哎冷带领部落迁徙的途中，有人发现这种植物能治疗身体的病痛，此后便对茶进行了进一步种植及利用。帕哎冷留下遗训：“留给你们牛马，怕遇病而亡；留给你们金银财宝，怕你们花光；就留给你们这些茶树，子孙后代才会取之不尽用之不竭。你们要像保护自己的眼睛一样爱护这些茶树。”

“一芽两叶”作为本地干栏式民居屋顶的装饰图案，印证着茶叶在布朗族文化中的重要地位。茶叶作为礼品、祭品、贡品、食品、饮品、商品，早已浸透在本地居民生产和生活中的各个方面。如今，茶叶在成为芒景村最为重要的经济来源的同时，也促进了人们对茶林保护性的利用，人与茶形成了更为紧密的共生关系。人地和谐的生态伦理以及行之有效的宗教—社会—经济复合系统，保证了整个景迈山生态系统的稳定性、种茶方式的延续性、林下经济的高效性、生活环境的宜居性、茶文化的独特性以及人地关系的和谐性，对当今世界可持续发展和多文化并存具有启示意义。

文化习俗

芒景村既保留了布朗族以万物有灵及茶祖崇拜为主要内容的民间信仰的传统仪式，又融合了南传上座部佛教的教义。村里有翁基佛寺和芒洪八角塔等与佛教有关的建筑，也有帕哎冷寺（布朗族文化园）、茶魂台、茶魂树等有布朗族特色的文化景观。茶祖节（山康节）、入雨安居与结夏安居、丰收节等节日融合了布朗族文化与佛教文化。

1.1 芒景村地图

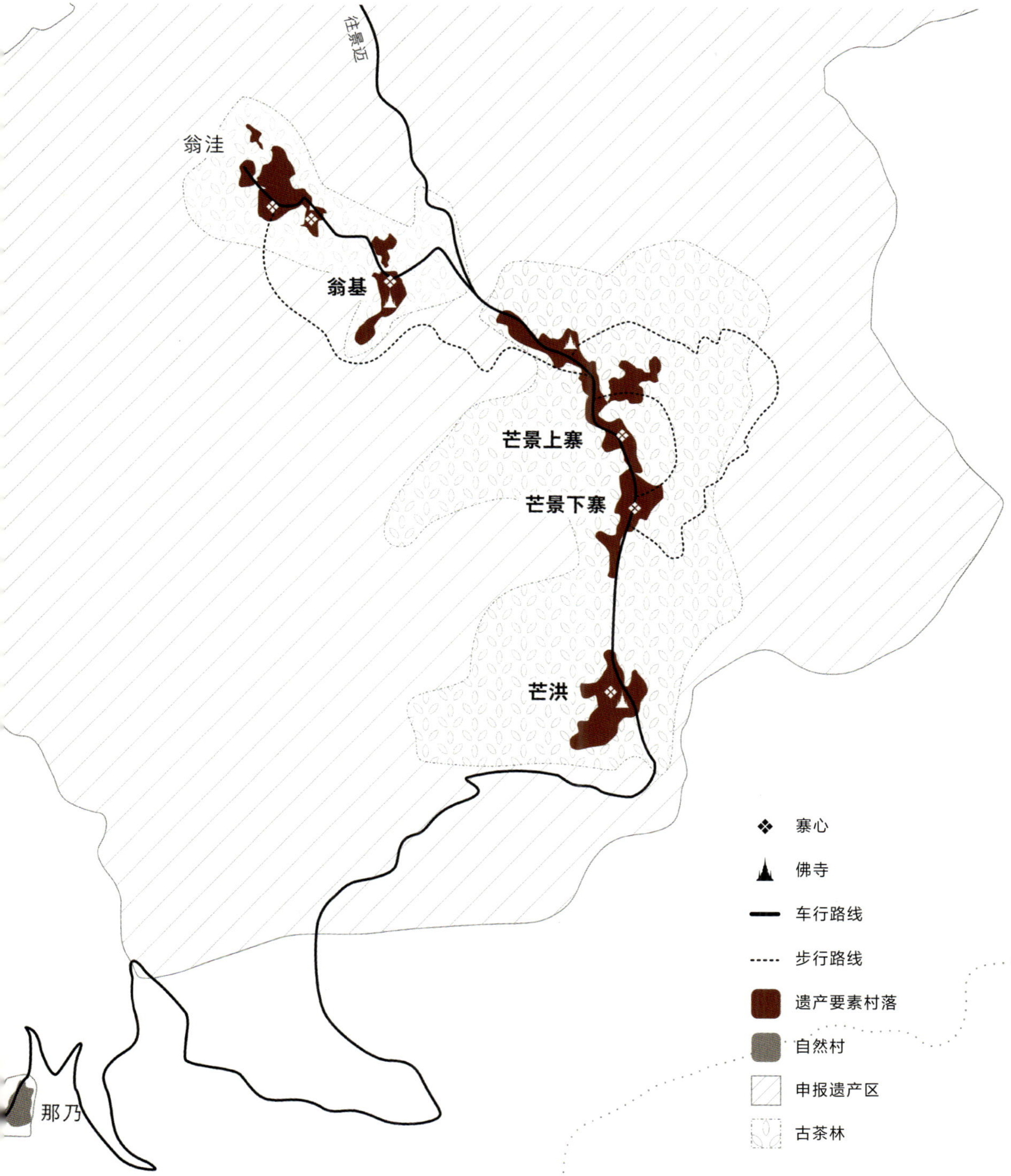

自然村 6（个）

芒景行政村下辖6个自然村寨：芒景上寨、芒景下寨、芒洪、翁基、翁洼、那乃。

人口 711（户）2854（人）

古茶林 532（公顷）

传统民居 **362**（栋）

整个芒景村共有传统民居362栋，其中翁基村的传统民居建筑最为集中，有62栋。

民族 **2**（个）

芒景村主要由布朗族和哈尼族两个民族组成，其中人口以布朗族为主。

耕地面积 **691.83**（公顷）

芒景村的耕地以种植稻谷、玉米为主。

数据采集时间：2018年

2. 古茶林：地方性知识中的生态智慧

景迈山古茶林是世居民族保护并合理利用山地和森林资源的典范。当地人以村寨为中心在周边种茶，在茶林周围保留森林作为防护林和水源林。高高的山顶是神山所在地，那里也是各村落的水源地，受到严格保护。古茶林和村落在山地的中部，村落整体上围绕神山布局，而各村落又围绕寨心集中建设。古茶林外围保持分隔防护林以防治冬季低温和病虫害传播。生产粮食和蔬菜的耕地则在海拔相对较低、水源充足的地区，避免开垦和种植过程中对古茶林的干扰。这些传统知识体系呈现了“村寨围在茶林中，茶树隐在森林中”的空间格局和整体景观。森林、茶林、古村相互依存，生产、生活、生态有机结合，体现了基于自然资源有限性认识基础上的资源保护和有限度利用的可持续发展理念。

景迈山遗产区包含了所有表现茶文化景观突出普遍价值的要素，包括保存完好、分布集中、规模宏大的5片古茶林，古茶林的主人—— 布朗族、傣族等世居民族的9个传统村落，以及作为古茶林隔离和水源涵养的3片分隔防护林。林、茶、村，这三大要素组成了完整的景迈山古茶林文化景观，同时还有古茶林以外的耕地和林地等，不仅完整反映了独特的林下茶种植技术以及相应的信仰和传统知识体系，同时充分反映了遗产地人与自然和谐互动的关系，使申报遗产区具有生态系统和文化系统的完整性。

2.1 遗产三要素

2.1.1 古茶林

景迈山古茶林历史悠久，智慧的林间开垦和林下种植技术延续至今，生态系统良好，充满活力，主要分布在海拔1250～1550 米之间的山坡上、村寨周边、森林之中。景迈山现存5片保存完好的古茶林，总面积1180公顷。芒景上下寨— 芒洪古茶林以及翁基—翁洼古茶林位于申报遗产区南部，集中于芒景山周围。

芒景上下寨— 芒洪古茶林以芒景山为中心，位于遗产区南部。片区内古茶林总面积约440公顷，内有芒景上下寨、芒洪3个传统布朗族村落，总人口1890人。片区内海拔1120~1580米，南北最大距离3700米，东西最大距离2150米。该片古茶林是景迈山种植历史最为悠久的茶林，因而文化遗迹丰富，包括祭祀茶祖的茶魂台，另外还有七公主坟、神山等。

翁基—翁洼古茶林位于申报遗产区西部，总面积约90 公顷，包含翁基、翁洼两个传统布朗族村落，总人口 834人。片区内海拔1120~1380米，南北最大距离1500米，东西最大距离1900米。翁基古茶林东北部有本片区的茶王树。

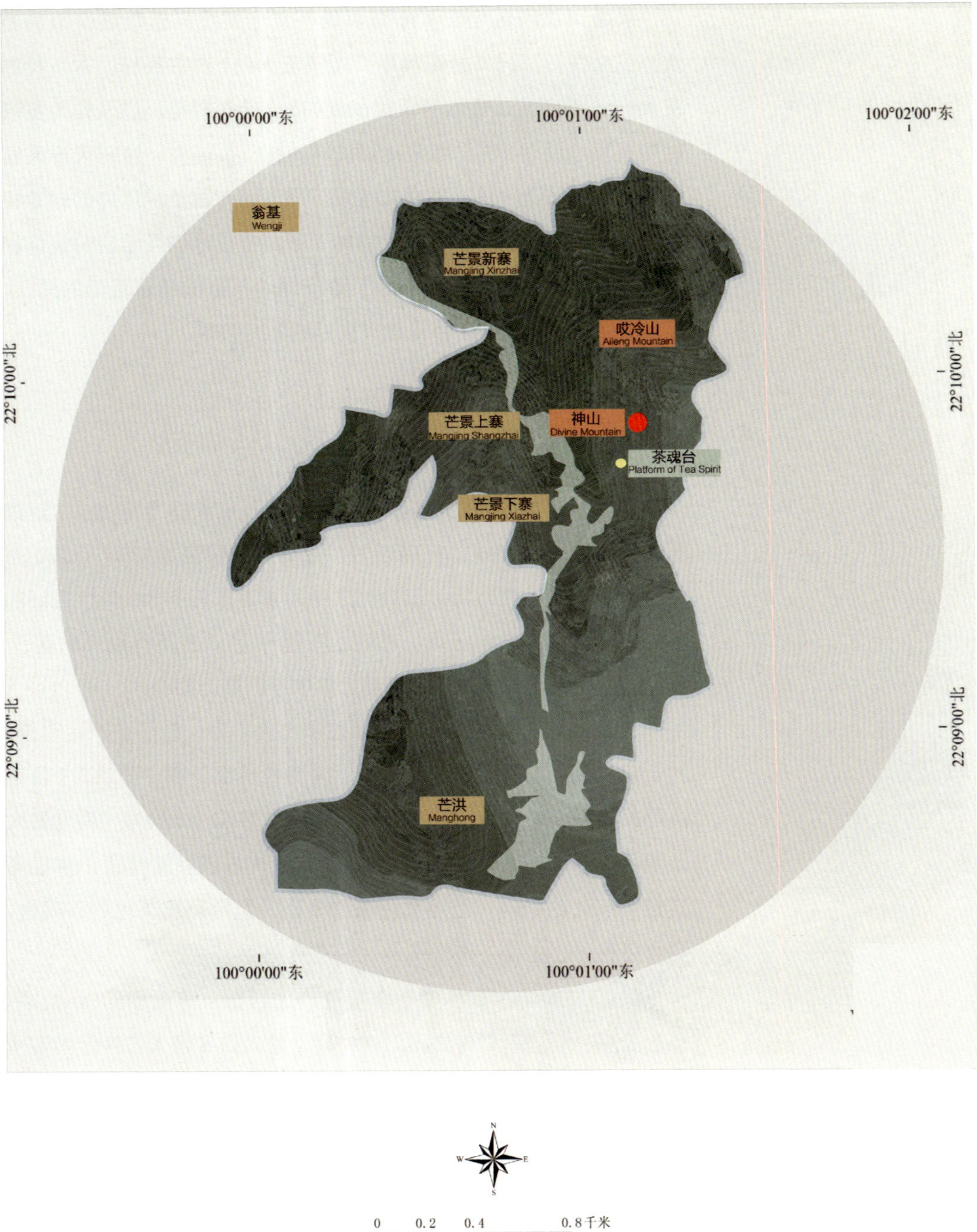

◆ 芒景上下寨一芒洪古茶林影像图

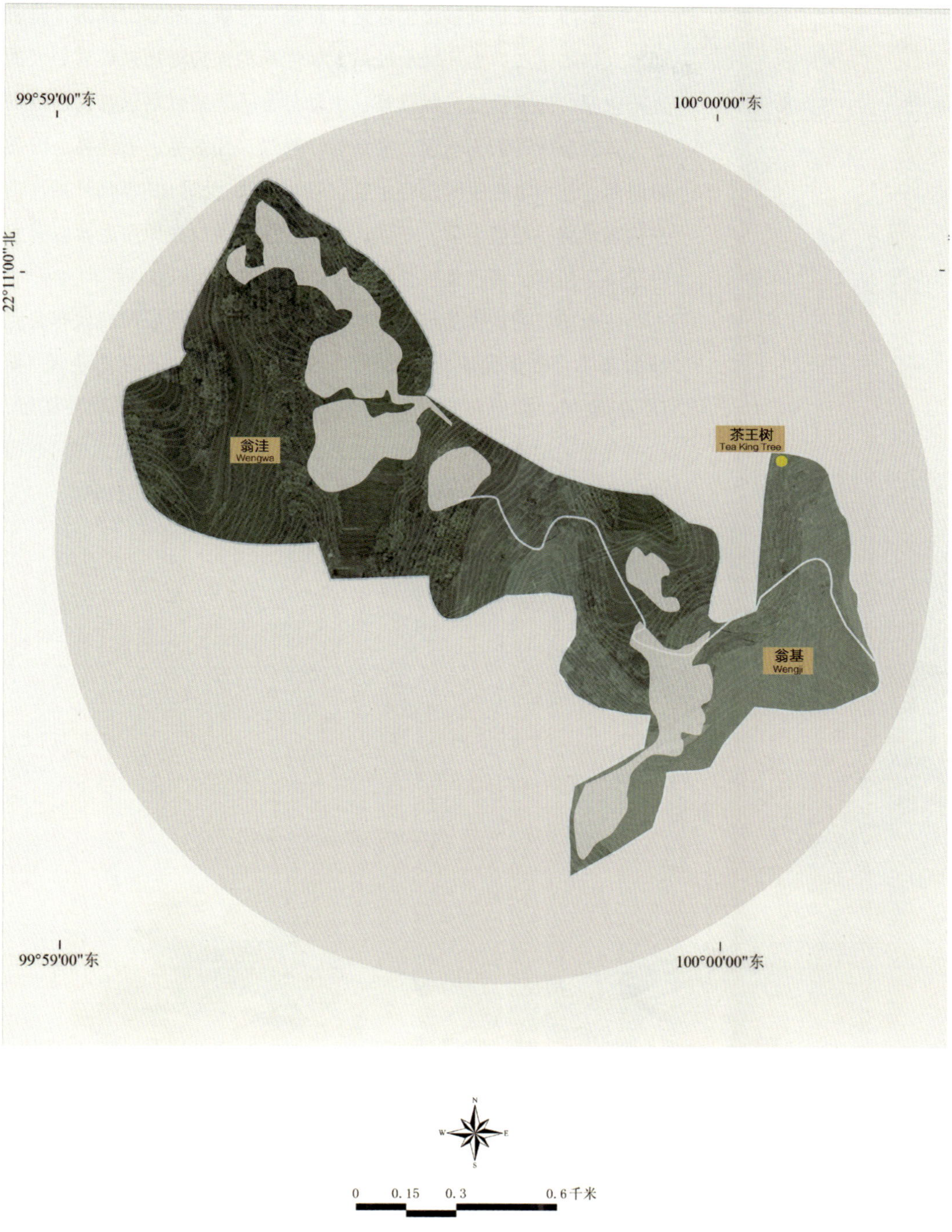

◆ 翁基一翁洼古茶林影像图

布朗族先民来到景迈山以后，最早在芒景上寨后山建寨，随着部落人口的增加，为了减少统一集聚带来的火灾隐患并寻求更大的生产空间，部落开始分散建寨。大部分寨子建成以后没有变换过地址，有的寨址则因为水源、疫病等迁移过，如翁基、翁洼等。1949年以前，各村落在空间规模上变化不大。20 世纪 90 年代开始，由于村寨发展，芒景上寨、芒洪、翁基、翁洼等均在原来老寨以外另行建设了新寨，而芒景下寨等则在老寨四周向外扩展。

在由芒景村管理的自然村中，翁基是布朗族传统风貌保存最完好的寨子，传统民居比例高达98%以上。翁基在布朗语中是“看卦”的意思。相传布朗族祖先迁徙至此，部落首领让人看卦选址，翁基就是当时看卦的地方。直到现在，布朗族在举办盛大的“茶祖节”祭祀仪式时，仍由翁基负责解读祭祀仪式后显示的卦象。

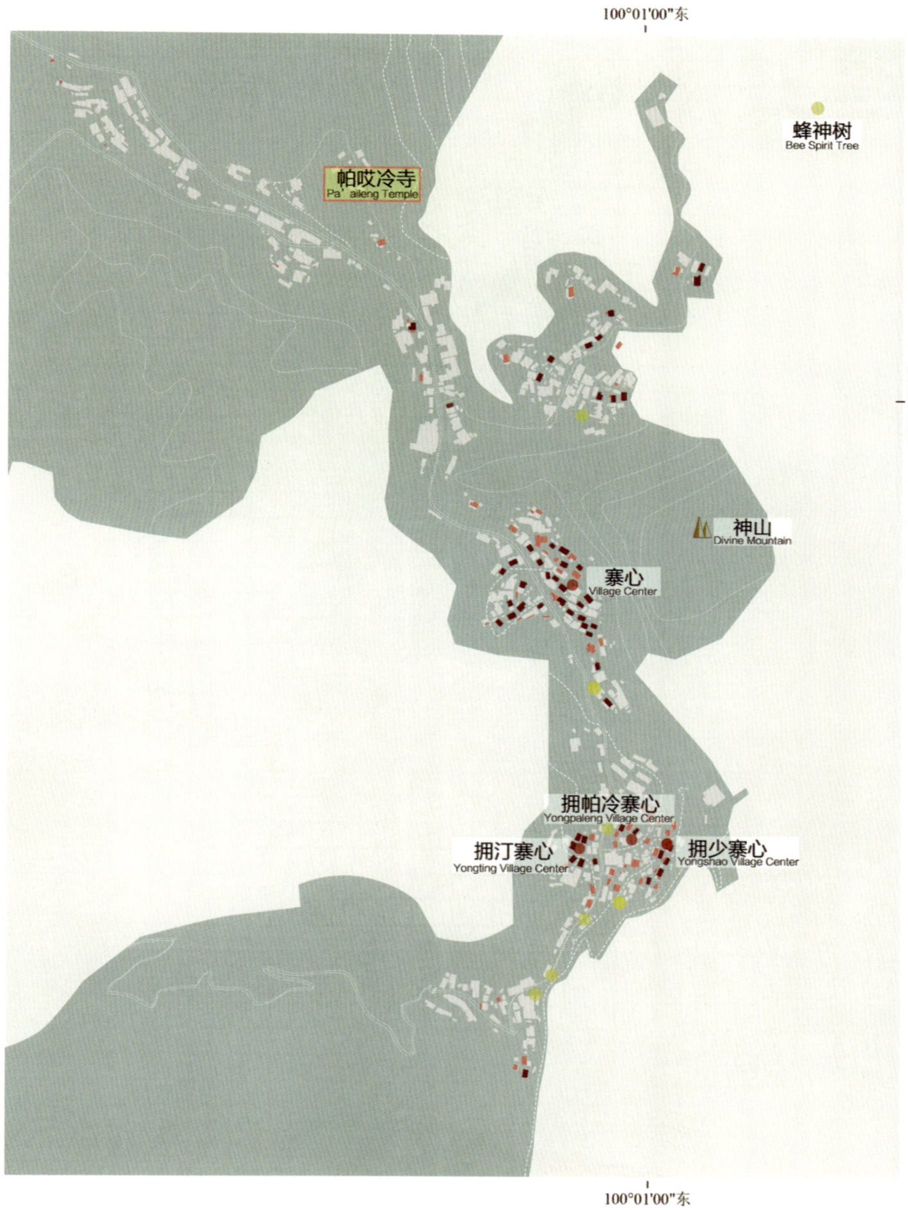

100°01'00"东
帕哎冷寺
Pa' aileng Temple
蜂神树
Bee Spirit Tree
22°10'00"北
神山
Divine Mountain
寨心
Village Center
拥帕冷寨心
Yongpaleng Village Center
拥汀寨心
Yongting Village Center
拥少寨心
Yongshao Village Center
100°01'00"东

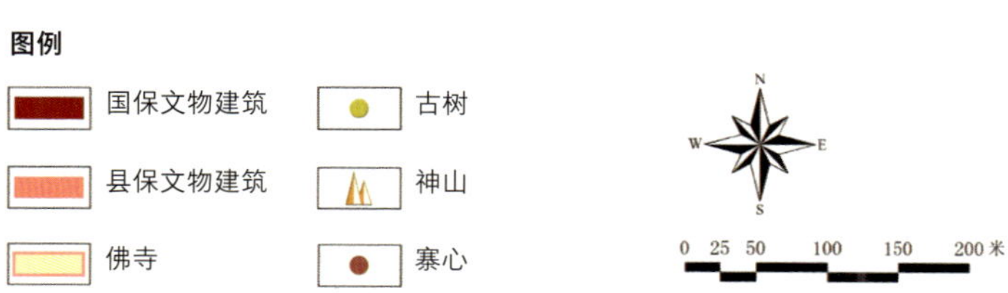

图例
国保文物建筑
县保文物建筑
佛寺
古树
神山
寨心
N
W
E
S
0 25 50 100 150 200 米

◆ 芒景上寨和下寨现状图

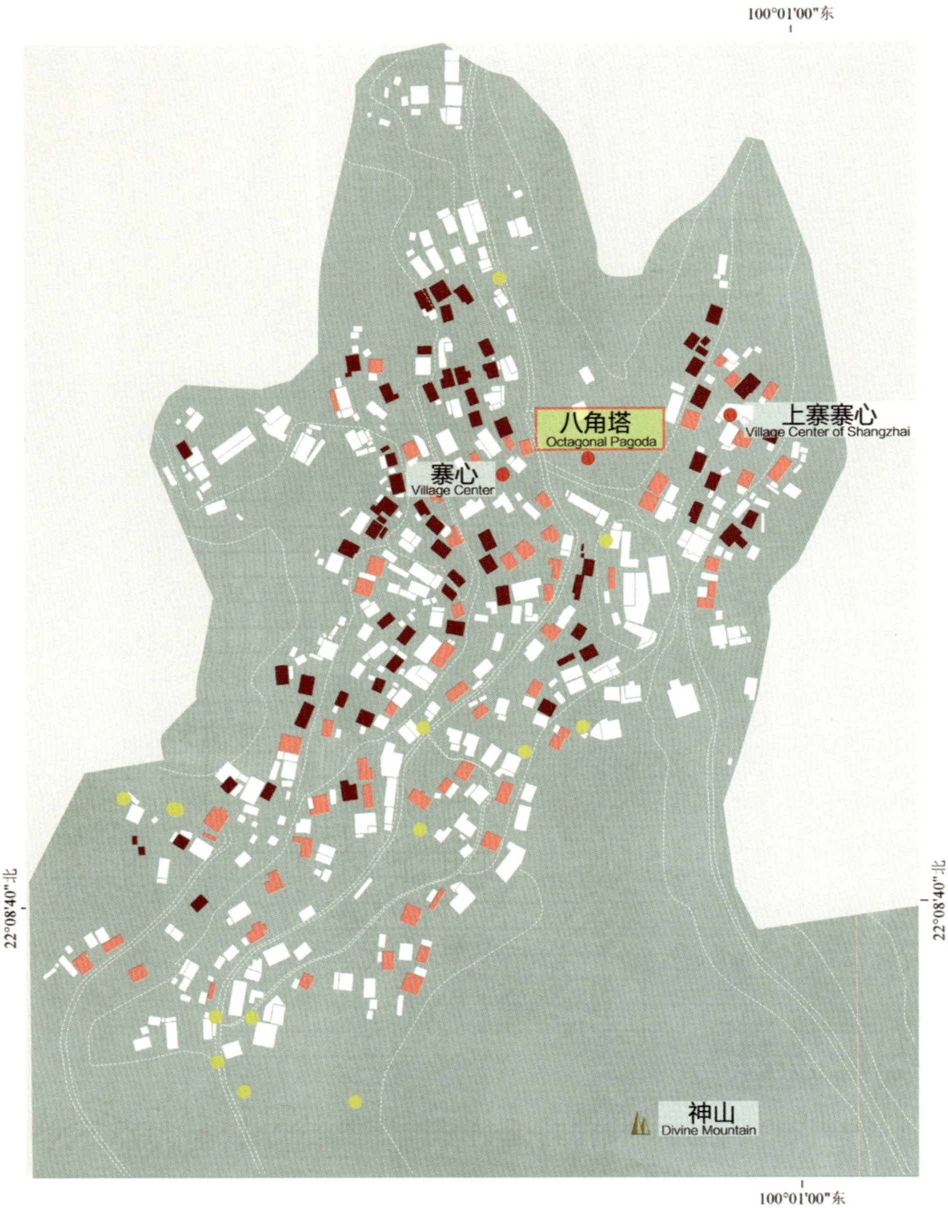
100°01′00″东
八角塔
Octagonal Pagoda
上寨寨心
Village Center of Shangzhai
寨心
Village Center
神山
Divine Mountain
22°08′40″北
22°08′40″北
100°01′00″东

◆ 芒洪村寨现状图

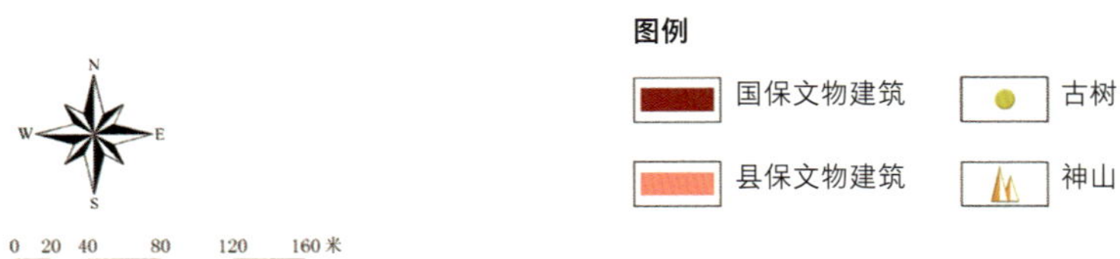
N
W
E
S
0 20 40 80 120 160 米
图例
国保文物建筑
县保文物建筑
古树
神山

100°00'00"东
22°10'30"北
千年古柏
Ancient Cypress
佛寺
Temple
寨心
Village Center
22°10'30"北
100°00'00"东

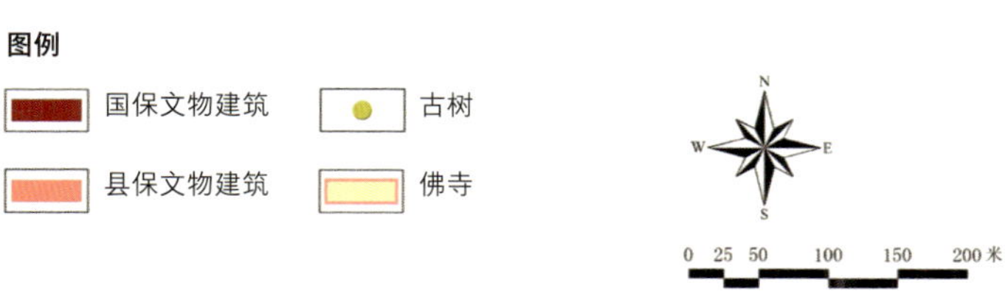
图例
国保文物建筑
古树
县保文物建筑
佛寺
N
W
E
S
0 25 50 100 150 200 米

◆ 翁基村寨现状图

99°59'30"东
22°11'00"北
神树
Divine Tree
寨心
Village Center
寨心
Village Center
99°59'30"东
图例
国保文物建筑
寨心
县保文物建筑
N
W
E
S
0 25 50 100 150 200 米

◆ 翁洼村寨现状图

景迈山古茶林不仅努力保持每片古茶林的森林生态系统，而且为了避免大规模连片开发容易产生低温冻伤、虫害传染等自然灾害，在不同古茶林片区之间保留部分森林作为分隔、防护之用，以确保整个景迈山古茶林能持续传承。分隔防护林历史上被轮作开垦过，近 50 年来禁止耕作而逐步恢复了森林生态。景迈山共有3片典型分隔防护林，同时也是村落重要的水源林。

其中，芒景—景迈古茶林分隔防护林位于白象山与芒景山交界处，是景迈山最为典型的两片古茶林——景迈大寨大平掌古茶林与芒景山古茶林的分隔防护林，面积约 540公顷，目前为省级生态公益林地。天然林群落结构复杂，主要树种有三棱栎、勐海栲、小果栲、思茅栲、石栎、栓皮栎、水青冈、钝叶榕等。该防护林也是景迈大寨以及芒景上寨的水源林，目前该片区作为生态公益林受到严格保护。

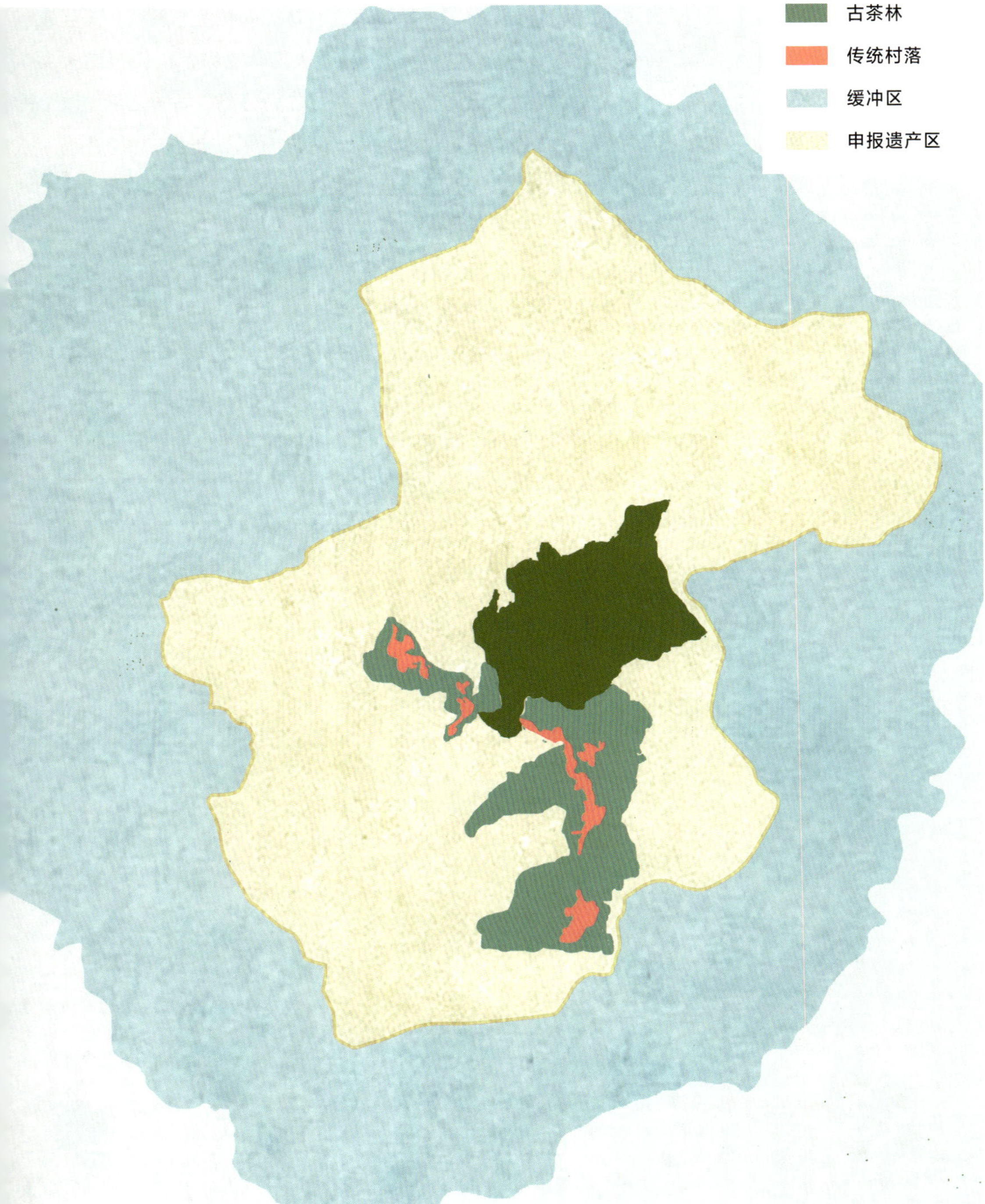
古茶林
传统村落
缓冲区
申报遗产区

景迈山的自然条件、宗教信仰以及长期以来摸索出来的经验使得当地居民在不同海拔高度采用了最适宜的土地利用方式，遗产区由高到低总体呈现出神山、水源林——森林、茶林、传统村落、旱地、水田、河流的垂直利用模式。最高处是神山和森林，村落在海拔1400 米左右，位于云海高度之上，古茶林在村落周围，水田则靠近海拔较低的河谷。

另外，景迈山先民在耕地位置选择和种植方式上也非常智慧。早期开垦采取烧毁树林垦为农地的办法，但为了保护村落安全和茶林环境，开垦地点必须远离村落，因而早期耕地距离村寨较远。开荒时以村寨为单位统一进行，集体行动，具体时间、地点、规模由村寨老人用宗教占卜的方式确定，任何人不得自行开发其他的山和森林。开荒种植1～2年后必须休养15～20 年方可再开荒。这种原始的生产方式最大程度维持了自然界的生态平衡。

景迈山特有的土地垂直利用方式，充分显示了提名地居民认识自然、尊重自然、利用自然的生态智慧，是原始森林农业土地利用的范例。

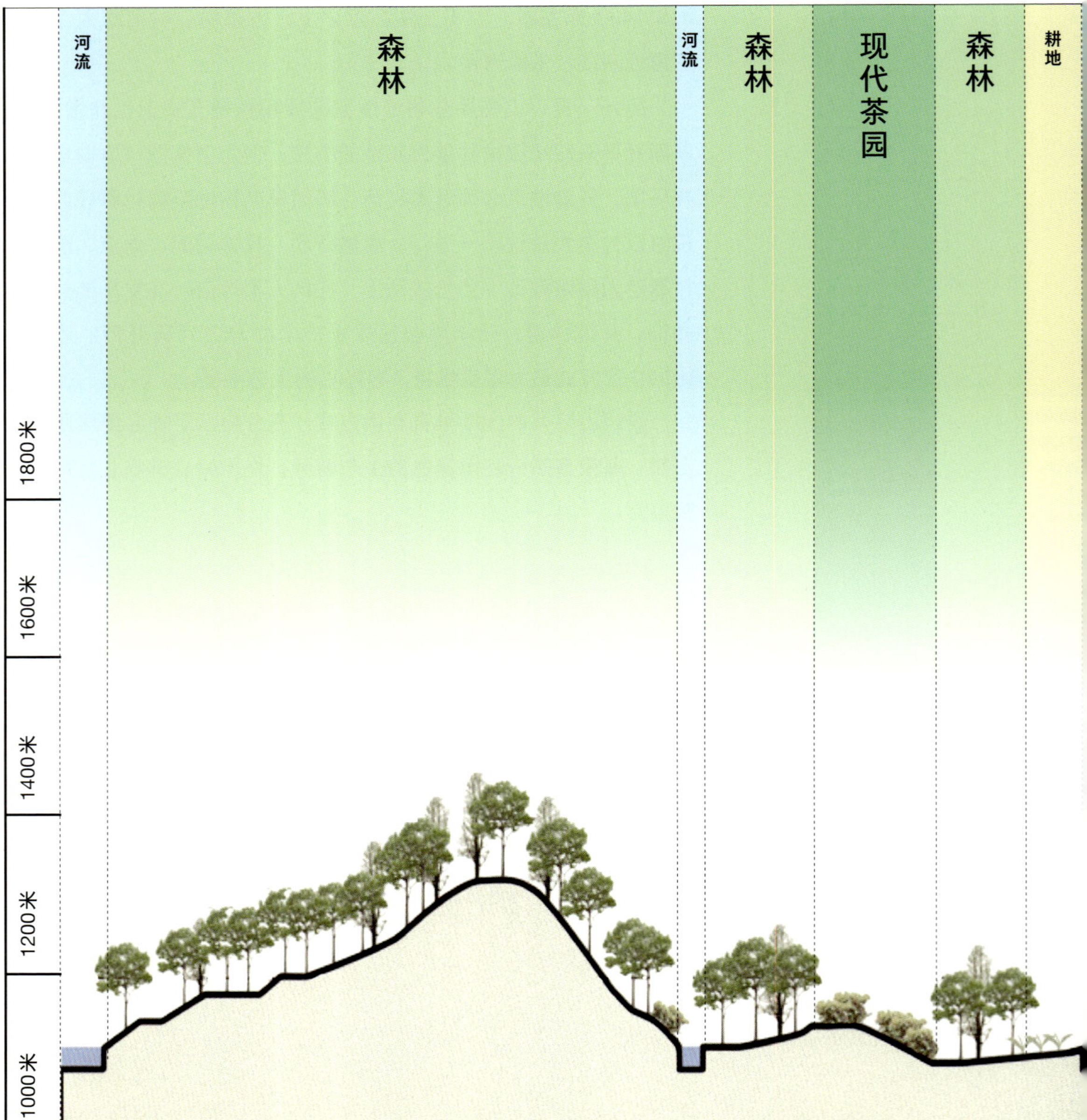
河流
森林
河流
森林
现代茶园
森林
耕地
1800米
1600米
1400米
1200米
1000米

◆ 芒景山西麓的土地垂直利用示意图

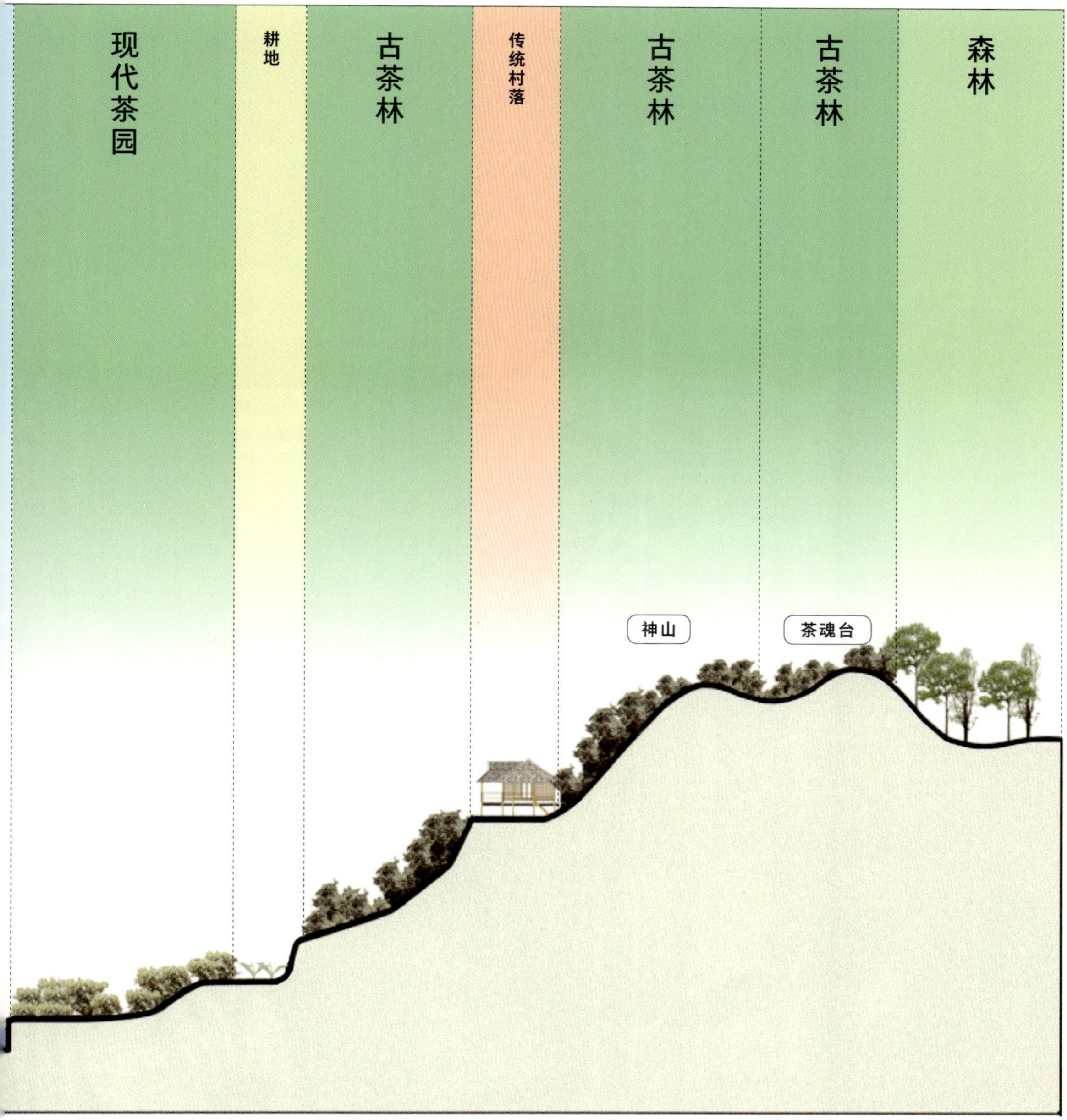

《景迈山上的布朗族》通过景迈山布朗族文化传承人苏国文老师的口述，介绍布朗族人与茶林和谐共存的生态理念及其所延伸出的传统习俗与信仰，希冀景迈山的未来能够从实际出发，在保护中寻求发展。

《景迈山上的布朗族》

摄制：张鑫

监制：左靖

时长：6分14秒

年份：2017年

古老而独特的林下种植技术使得古茶林呈现出明显的乔木层—灌木层（茶树主要分布层）—草本层的上—中—下立体群落结构。上层主要生长高大乔木；中层是以茶树为优势树种，同时分布有樟科、杜鹃花科等植物；而下层则为禾本科和蕨类、药材、野生蔬菜等草本植物。

布朗族认识并记住了茶这一神奇的植物后，把它称为“腊”。

首领帕哎冷率领族人到大森林中找回野生茶苗、茶籽，种植在寨子内外、房前屋后，开始对野生茶树进行驯化。因为茶味苦甘凉，有清热解毒、消食解酒、清心提神等功效，因此早期的茶叶主要作为药物使用，用来治疗疮毒、冷斑、腹泻等。

通过布朗族医生苏文新的口述，人们可以了解到传统的布朗族医术，以及布朗族人与自然和谐共生的生活智慧。

《景迈山上的布朗族医生》
摄制：张鑫
监制：左靖
时长：6分50秒
年份：2021年

景迈山大平掌古茶林

Jingmai Mountain Dapingzhang Ancient Tea Forests

景迈山世居民族在漫长的历史生活中，与茶相伴，依茶为生，创造了丰富多彩且极富地域特色的茶文化，包括制茶、食茶、饮茶、品茶、用茶等文化。

茶树的驯化

◆ 布朗族先民遵循茶树开花结籽、种子落地后会长出茶苗的自然方式，用茶籽（茶的种子）育出苗来，然后进行移栽，属有性繁殖的种植方式。由于人的长期采摘利用形成了自然矮化，茶树在长期的栽培利用过程中被渐渐驯化。

绘图：姜丽
创作时间：2021年

茶魂树

◆ 茶山上的布朗族人民把茶叶当作生命的一部分来看待，而茶魂便是生命的化身。每当新开发一片茶林，在这片土地上的第一棵茶树要选择最好的日子，举行必要的祭拜仪式后才能够正式种植，这棵树就成了这片茶林的茶魂树。茶魂树表明这块地已被列入神山，有灵魂、有主人，代表茶祖守护茶园，任何人不得乱砍滥伐，不得栽种其他农作物，不得随意采摘茶叶，违者会受到神灵的制裁。历史上，上贡给官员或皇室的“贡茶”通常采自茶魂树。

布朗族茶祖节

◆ 布朗族茶祖节一般在每年4月举行，历时4天，其间，来自布朗族和其他民族的村民们要前往芒景山茶魂台祭拜茶祖帕哎冷。他们深信，茶魂台有着人和神的灵性，呼唤茶魂，可以祈求茶祖保佑人们幸福吉祥。茶魂台中间粗大的茶魂柱代表茶祖与上天的交流，四角则设有四组祭祀柱，既代表着山神、水神、树神、鸟神，也代表四面八方的人们前来祭祀茶祖。帕哎冷虽然是布朗族的茶祖，但其他世居民族同样参加每年 4 月举行的茶祖祭祀仪式，糯干傣族村寨还需要专门负责制作拴牵祭祀用牛的绳索，其他村寨也会有相应的分工，这些习俗代代相传。在森林高大的树木下，大佛爷和寨子里最有威望的老人跪在供台前，呼唤茶魂，声震山野，对赋予他们生存和希望的古老茶山顶礼膜拜，祈求茶祖给茶山和村寨带来吉祥、安康。

饮茶习惯

◆ 布朗族常把烤茶当作常备药饮用。把茶叶摘回来，用锅炒，用手揉，阳光晒干后，把茶叶放入小茶罐中，在柴火上烤香，然后放水熬成茶汤来喝，喝了眼睛明亮，头脑清醒，不疼痛。布朗族中流传着这样一句话："上山不带饭可以，不带茶不行。"

他们尤其喜爱青竹茶。在野外劳动时，或长途行走之后，他们想喝清茶解乏止渴，便随手将山野中的山竹用刀截成竹筒，下部削尖，插在地上，成为一个个奇特的高脚茶杯，然后把一只大竹筒装满清泉，放在火堆旁烤烧，水烧开后放进茶叶，再煮五六分钟，然后将茶水倒入插在地上的茶杯中，即可拔起饮用，有泉水清甜、清茶醇香之味。

古茶林形成至今，不施任何肥料，不喷洒任何农药，主要靠自然落叶和草本层提供营养，靠群落的生物多样性来防治病虫害。根据自然生态的变化每年除草一次，一般为11—12月。为避免坡地水土流失，除草时不挖翻地皮，而是用刀刈去杂草（对茶叶生长有害的草），注意保护小茶苗，保留良种树，适当修剪茶树杈。古茶林里的活树不经主人同意，一律不得砍伐。

茶林养护

◆ 景迈山的古茶树

绘图：冯芷茵
年份：2021年

1 第1年10月　采集茶果，拣选日晒
茶果在晾晒后会自然爆开露出茶籽。

2 第1年11月　挖穴撒籽
播种在小洞中，插木棍为记号。

3 第1年12月—第2年5月　观察养护
适当翻动草皮，防止茶苗霉变。

4 第2年6月　移栽茶苗
根据日照等，将茶苗补栽到茶林中。

5 第10年　采摘茶叶
人工茶园5年内可以采摘，而种在古茶林里的茶树可能要至少10年才能采摘。

◆ **古茶林不用"耕"**

景迈山人种茶看起来很"偷懒"。很少翻地，也不用施肥，只用刀和棍除去杂草，再堆在茶树附近就好。

因为古茶林千年以来形成了生态平衡。厚厚的草皮护住大地的肥力和水分，盲目深耕和施肥反可能害了茶树。

◆ **每亩地有多种树种**

根据当地说法，茶树需要别的大树保护，不同的树还会改变茶的味道，比如红毛树（西南木荷）下的茶会苦涩，水冬瓜树（桤木）下的茶更香甜……村民会留下适合和古树"做朋友"的树。

高大的乔木能给茶树提供湿润阴凉的环境，豆科植物能把空气里的氮转化成肥料，让茶树生成更多营养物质。如今现代茶园都在模拟古茶林的环境。

◆ **蜘蛛网多的茶林更好**

有经验的茶农说，一片茶林好不好可以看蜘蛛网多不多。景迈山的茶林经常有层层叠叠的蜘蛛网。村民每年还会拜"昆虫神"。

普洱地区的害虫有320多种，益虫有400多种，益虫永远比害虫多，所以古茶园没有爆发过大规模虫害。漏斗蛛和金蛛就能捕食很多害虫。

绘图：冯芷茵
年份：2021年

◆ **有虫害时可以撒米**

真遇到了厉害的虫害怎么办？村民会在茶林里看卦。得出的结果常是人要少进林子等，然后撒下能“驱邪”的大米。

◆ 撒米其实是为了吸引鸟类帮忙除虫。茶林里鸟多，说明食物充足，也代表环境健康。景迈山的古茶园里有很多鹛类。

◆ **摘螃蟹脚不为卖钱**

螃蟹脚（扁枝槲寄生或枫香槲寄生）是一种长在古茶树上的植物，据说药用价值很高，可以卖到几千元一斤。村民会采摘螃蟹脚，晒干后煮汤或泡茶。

螃蟹脚是寄生植物，会吸收茶树的养分，所以需要摘掉一些。古茶树上还有很多寄生兰。它们也许给茶带来了独特的香气，但也会争夺养分。

◆ **采茶也是在修剪茶树**

茶树长得太高采摘会麻烦，但很少看村民修剪茶树。有人建议他们用梯子采茶，他们还是坚持爬树。

爬树采茶，自然会把枝条压弯。采哪里，采多少，也会影响茶树的生长趋势。这种方式也可以叫作“修采”。

普洱景迈山地区各民族各具特色的饮茶文化是民族茶文化的重要组成部分。除了饮茶之外，布朗族人还会以茶为食，例如将茶制成酸茶。该影片记录了景迈山酸茶的制作过程，即将鲜茶叶蒸熟，放在阴凉处晾干水气后，装入竹筒中压紧封好，埋入土中，几年以后将竹筒挖出，取出茶叶拌上辣椒、撒上盐巴来吃。

《景迈山酸茶》

摄制：张鑫

监制：左靖

时长：5分52秒

年份：2021年

茶叶生长的季节，芒景村的朋友常会用到“发”这个字，如“茶叶发了”“茶叶发得多”等。发，代表着蓄力绽放、生机、生命、希望等生长的态势。发展、发财、发酵、发力…… 我们能从这一系列词里，探寻到类似的含义。

村寨里，人与茶共生。茶叶经济的变化也带来了村寨的变化。生长是热烈的，蕴含着蓬勃的生命力，暗涌的能量是时代带来的机遇及延伸出来的各种可能性。村寨有改变，也有变化中那些不变的稳定性。

敬神灵：茶的神性空间

在迅猛的尘世裹挟中，大家仍然生活在神灵的护佑下，祖先的护佑下。做事有准则，心安有寄托。

文字：缪芸
绘图：姜丽
年份：2021年

寨心

“寨子里发生什么重要事，会到寨心去说一声。比如说我要结婚了，要专门请一个人，比如说我的大伯帮我告诉它，谁家有人要结婚了，会邀请很多人，可能寨子里会很热闹，可能会打扰它。”

“在我心里，寨心就是值得我们尊敬的一个地方，就像是一位老人一样。爷爷奶奶那一辈有这种东西，爸爸妈妈那一辈有这种东西，就像家里面的一部分，让人安心。”

茶魂台

“茶魂台代表茶祖帕哎冷。我们祭茶祖并不只是祭茶这一个东西，我们其实是信万物的。”

“茶魂台又代表着子子孙孙，不只是我们能看得到，我们的后代将来也会去那个地方祭拜，就像我们的前辈教我们的那样。对，就会一直这样传承下去。”

文字：缪芸
绘图：姜丽
年份：2021年

蜂神树

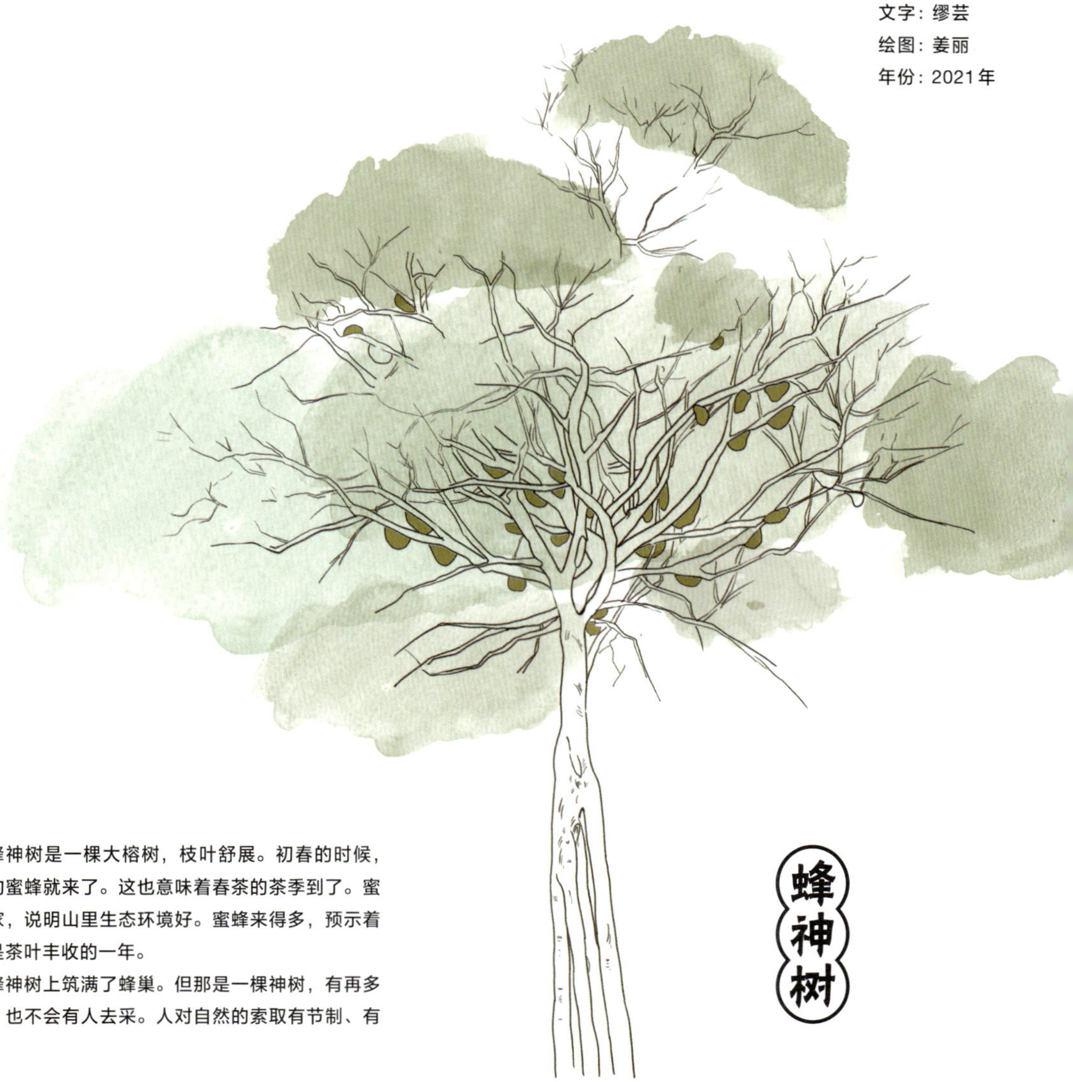

蜂神树是一棵大榕树，枝叶舒展。初春的时候，成群的蜜蜂就来了。这也意味着春茶的茶季到了。蜜蜂安家，说明山里生态环境好。蜜蜂来得多，预示着这会是茶叶丰收的一年。

蜂神树上筑满了蜂巢。但那是一棵神树，有再多的蜜，也不会有人去采。人对自然的索取有节制、有敬畏。

敬劳动：留在自己的茶地上

力从地起，茶叶经济的背后是人们付出的劳动。人们在自己的土地上劳作，没有离开，不想离开。

文字：缪芸
绘图：姜丽
年份：2021年

春茶季节就是一半烟火，一半诗意

4月到6月是春茶季节，这是一年中最忙的时候。大家对季节很敏感。第一场春雨预示着春茶季的开始，太阳大的时候好晒茶叶，下冰雹等恶劣的天气也会带来困扰。地域显得重要，采的哎冷山的茶，采的蜂神树周围的茶。树龄也很关键，小树茶先冒芽，然后古树茶才登场。

通常的想象可以把春茶说得很诗意。
“茶是春天的仪式感。”
“把春天炒进一口茶里。”

可事实是，这是一项劳累、单调而重复的工作。
“春茶就是，采茶，制茶，品新茶。”
“白天采茶，晚上炒茶。”
“早出晚归，晚睡早起。”
“有妈妈帮忙就没有那么累了。”
“每天反反复复。每天反反复复。”
“多劳多得。”

劳动的本色

“现在的茶地以前是种玉米的。那时走路去种地，来回要四五个小时，在地里干活的时间短，只能在地里搭个窝棚，每次去就住上几天，多做点活。后来种茶有了钱，买了摩托车。再后来有了更多一点的钱，就买了皮卡车。”

采茶季节，大家会从周围的其他地方请季节工，有汉族、拉祜族等各民族群众。

文字：缪芸
绘图：姜丽
年份：2021年

从茶地到茶室

为了谋生，大家曾经离开村寨，去外面打工。“20世纪七八十年代的时候，我们山里穷，小姑娘、小伙子都外出务工，包括我父辈的那一代人。因为山上作为经济来源的作物利润微薄，挣不到钱。”

随着普洱茶经济的发展，许多人回到了村里。年轻人很多在职业学校里学习了与茶叶相关的知识和技能，与他们的父辈一起，留在村里以茶为业。大家会很骄傲地说：“我是茶农。”

现在的采茶季节，大家会从周围的其他地方请季节工来帮忙，但老一辈的很多人习惯了劳作，仍然亲自打理茶地。而年轻的一辈则更多与外界打交道，照看茶室，负责储运、包装、销售等工作。

敬生活：被茶改变的日常

村寨变为一个开放的空间，与外部相连。

文字：缪芸

绘图：姜丽

年份：2021年

文字：缪芸
绘图：姜丽
年份：2021年

敞开的社交空间

以前，火塘聚人气。现在，茶室成为生活的中心。

以前，干栏式建筑的房屋通透。站在二楼，看到远处的山，看到对面的楼里，有人在收衣服，有人在捡茶。能听到小孩子哭了，能闻到炒菜的味道。

现在保护传统建筑，村里的房屋不能扩建。自家房屋进行改造，有了更多的功能。多了茶室、客房、饭店、小超市、生产和晾晒茶的空间，房屋没有那么通透了，村落空间也由自住的空间转为向外展示的空间。

节日

劳作有时，欢娱有时，节日是村寨生活的重要部分。

春茶季的山康节是傣历新年，是布朗族祭拜茶祖帕哎冷的节日，也是大家与进山的茶商进行交易的契机。

夏季的关门节与开门节，是忙碌的春茶季后身心的休养。

秋季的丰收节从单纯地展示粮食和瓜果，变为一个展示与传承布朗族文化的节日，各个自然村比美食，比歌舞，比传统的技艺。

春节是娱乐放松的时候，有篮球比赛、游园等活动。

节日也是集体事务，需要共同协作才能完成，将村寨凝聚成为一个共同体。

文字：缪芸
绘图：姜丽
年份：2021年

接待

翁基村的游客最多，几乎每位女性日常都穿民族服装。“以前很少穿，有活动、过节才会穿。后来有了旅游，刚开始有游客要进来的时候，我们会特意穿民族服装。现在基本上像是便装一样了，已经成为我们的习惯了。”

来的客人多了，年轻人表演民族歌曲成为接待客人的常规节目。大家知道，外面的人来到民族村寨，想看不一样的东西。“以前是村子里面的人聚在一起热热闹闹的，现在可能更多地想展现热情好客。”也有年轻人请老人来给客人唱布朗族的古歌：“老人唱的，是我们年轻人唱不出来的调子。”

学习

学习，各取所需，呈现的是新旧文化的共生。

村里请来专家，教大家如何修剪茶树。

政府请来老师，开展旅游接待、茶艺等培训工作。

中青年的男性在晚上，一起学习经文。

年轻的女性在晚上，一起向村里的老人学习古歌。村里的合作社还请来完整保留布朗弹唱技艺的布朗族老艺人，大家学起了弹三弦。

在翁基村停车场摆摊的奶奶买了第一部智能手机，可以微信收款了。她还学会了卖小包装的茶饼，那是买纪念品的客人提出的要求。

越来越多的人开始录小视频，通过网络平台展示茶山的生活。

文字：缪芸
绘图：姜丽
年份：2021年

云南大学民族学与社会学学院影视人类学实验室张海主任带领摄制团队于2021年4月至景迈芒景村记录布朗族山康节。影片基于人类学/民族学田野调查方法，运用影视人类学创作手段，通过记录景迈山茶林生态环境、对世居布朗族日常生活的捕捉、文化事项的记录与信仰体系的刻画，整体性地反映景迈山的文化生境。

布朗族和傣族是景迈山世居的人工种植茶叶最早的民族，两个

云南省普洱市景迈山芒景村帕哎冷寺

Pa Aileng Temple, Mangjing Village, Jingmai Mountain, Pu’er City, Yunnan Province

民族都有丰富的民族文化和不同信仰，通过记录芒景村的山康节与景迈大寨的泼水节，两个民族在文化上的趋同与不同展现了出来。对布朗族学者苏国文的拍摄可以体现老人对茶山茶叶的深刻情感、对布朗族传统文化式微的忧虑、对芒景村未来发展的期许。同时通过拍摄布朗族护茶、供茶的各个环节，也能体现出布朗族人们对茶叶的深厚情感与生活依赖。

《景迈山物语：布朗族山康节》
摄制：张海
时长：14分
年份：2021年

4. 世居山林：地方性文化中的生态伦理

基于万物有灵论的自然崇拜是芒景村民间信仰的核心内容。在当地居民的观念中，山、水、虫、兽万物皆有神灵，有各种各样的神灵在主宰着人们的生产和生活。“万物有灵”不仅是宗教信仰，也逐步作为一种生态伦理，使人们对自然环境和山水林草充满了敬畏。每年4月，在傣族欢庆浴佛节暨泼水节的同时，芒景村的居民庆祝布朗族茶祖节。村里举行隆重的茶祖祭祀仪式，呼唤茶祖帕哎冷的灵魂，祈求茶林安全，祝愿百姓安康。对茶祖的崇拜和祭祀，反映了景迈山世居民族茶种植口述历史和族群的集体记忆，提升了原住民对古茶林保护的集体认同和行为自觉，不仅规范了他们的行为准则，而且对其价值观产生深远影响。南传上座部佛教也对芒景村产生了影响，布朗族和傣族、佤族等其他少数民族一起，庆祝关门节与开门节等节日。佛教的节日不仅具有宗教活动功能，也融入了中华优秀传统文化内涵——善良、爱劳动、尊老爱幼等社会道德。

《芒景上寨大合影》

摄影：何崇岳

年份：2017年

何崇岳为芒景村的多个自然村寨拍摄了村民大合影。多年来，他驱车踏遍全国各地，深入乡间，本着人文主义的立场，用镜头捕捉群体记忆。

《芒洪大合影》
摄影：何崇岳
年份：2017年

4.1 村民大合影

《芒景下寨大合影》
摄影：何崇岳
年份：2017年

村民影像即村民自己捕捉的日常生活记录，这个部分展现了芒景村上寨村民苏玉亩的视角。

摄影：苏玉亩
年份：2018年

摄影：苏玉亩
年份：2018年

摄影：苏玉亩
年份：2018年

本单元试图通过人物肖像、风景建筑以及民族特色物件，展现布朗族和哈尼族人的物质与精神世界。物品作为人的思想与行为的延伸，联结着人的过去和现在，反映出使用者的价值观、审美以及个性。它们见证着不同民族的日常劳作与生活，给我们带来了另一维度的有关芒景村的地方性知识。

芒景村布朗族

作为景迈山最主要的世居民族之一，布朗族先民来到景迈山后，最先在芒景上寨后山建寨。如今，布朗族自然村均隶属芒景行政村，共包括芒景上寨、芒景下寨、芒洪、翁基和翁洼。

◆ 茶壶：被布朗族寨民用于烤茶，该茶壶的使用时间已有30年之久。

◆ 茶杯：喝烤茶的陶制茶杯。

◆ 蜡条及竹制盒：贡品，参加南传佛教活动时须将其点燃供奉神明。

◆ 弯棍：打谷子时使用，可让稻谷脱粒。

◆ 布朗族挎包：手工编织而成，布朗族寨民几乎每天都会斜挎在身上，用于携带随身物品。

芒景村哈尼族

那乃是芒景行政村中唯一的哈尼族村寨。

◆ 水烟筒：寨民常见的吸烟工具，需在竹筒内装一些水，上部开口处用于吸烟，下部凸出的部分放置烟丝。

◆ 捕鸟器：竹子制成，通过诱饵引诱鸟来进食，撑开的夹条通过机关控制，夹住猎物。

◆ 砍刀：男性寨民出门经常随身斜挎，用其砍芭蕉、砍柴等。

◆ 哈尼族挎包：节日或外出时使用，用于携带手机、钱包等随身物品。

◆ 小板凳：高度很矮，在火塘边做饭时使用，这只板凳被长期使用，已有包浆。

人类本是生态系统的普通一员，经过200万年的进化和发展，人类登上了食物链金字塔的顶端，成为自然生态系统的终端消费者。这期间，人类获取食物的方式经历了从“自然采集”到“大规模种植”的演变。

和其他地区不同，景迈山人的食物来源则居于这种演化的中间状态。正是因为“自然采集”方式的保留，景迈山人的食物结构表现为品种总数多、特有品种多、野生品种多等特点。而“食物多样性”正是在人类学意义上与“生物多样性”的一种对应。

李朝晖在一年中的4月和10月，对景迈山及其周边地区展开了人类食物结构的影像调查，并在当地居民的协助下对拍摄的照片进行整理分类，最终，在此呈现为“景迈山食物图谱”。

需要说明的是，由于时间的限制，该图谱并未能涵盖所有的景迈山食物。

《种植篇》
摄影：李朝晖
年份：2021年

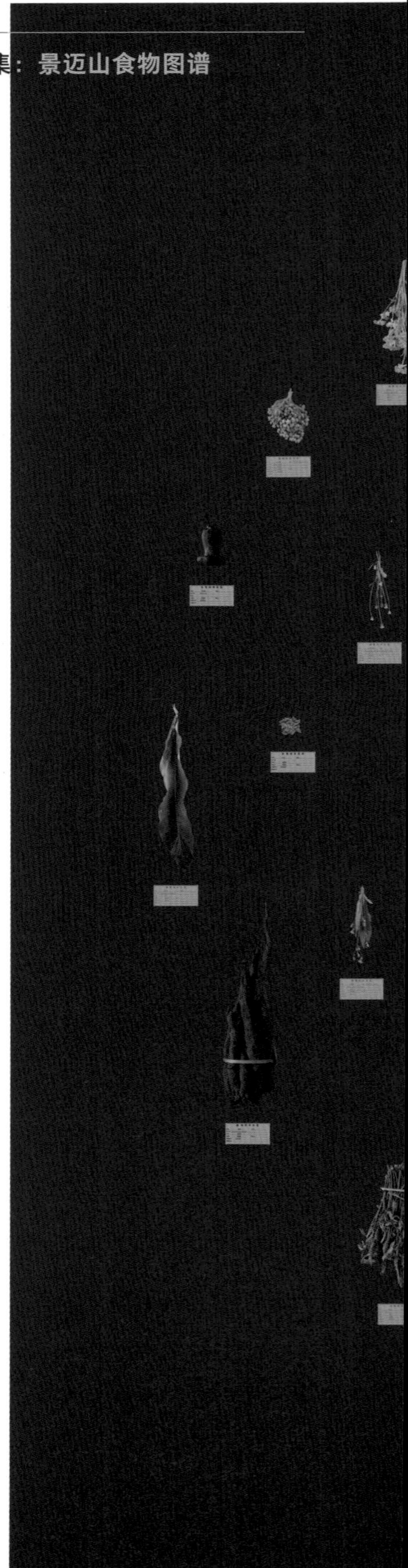

芭蕉

中文名	芭蕉	目	姜目
拉丁学名	*Musa basjoo* Sieb. et Zucc.	科	芭蕉科
别名	芭苴、板蕉、大芭蕉头、大头芭蕉	亚科	芭蕉亚科
界	植物界	属	芭蕉属
门	被子植物门	种	芭蕉
纲	单子叶植物纲		

芭蕉，拉丁学名*Musa basjoo* Sieb. et Zucc.，是芭蕉科芭蕉属多年生草本植物。植株高可达4米。叶片长圆形，先端钝，叶面鲜绿色，有光泽；叶柄粗壮，花序顶生，下垂；苞片红褐色或紫色；雄花生于花序上部，雌花生于花序下部；离生花被片几与合生花被片等长，顶端具小尖头。浆果三棱状，长圆形，具棱，近无柄，肉质，内具多数种子。种子黑色，具疣突及不规则棱角。

原产琉球群岛，中国台湾地区可能有野生，中国南方大部分地区以及陕西、甘肃、河南部分地区都有栽培。芭蕉在中国的栽培历史超过2000年。

芭蕉果肉、花、叶、根中均含有丰富的糖类、氨基酸、纤维素、矿物质、硒等微量元素及多种化合物成分，药食兼用，营养丰富。作为菜蔬食用的芭蕉，其食用部位主要是花。

食例：芭蕉花素炒木瓜花

◆ 芭蕉花斜刀切成片（或条状），用清水加食盐浸泡几分钟，用力搓揉，直揉到蔫巴，尽量捏干水汁；木瓜花择下花蕾，洗净备用。旺火烧油，至九成热时，放入蒜瓣，炸出蒜香味时倒入芭蕉花和木瓜花，爆炒至熟，加入食盐、味精、料酒等佐料即可盛盘上桌。

《芭蕉》
摄影：李朝晖
年份：2021年

螃蟹脚

中文名	螃蟹脚	目	檀香目
拉丁学名	*Viscum liquidambaricola* Hayata	亚目	桑寄生亚目
别名	枫香槲寄生、枫树寄生、桐树寄生、赤柯寄生	科	桑寄生科
界	植物界	亚科	槲寄生亚科
门	被子植物门	族	槲寄生族
纲	双子叶植物纲	属	槲寄生属
亚纲	原始花被亚纲	种	枫香槲寄生

螃蟹脚，拉丁学名*Viscum liquidambaricola* Hayata，是一种桑寄生科槲寄生属植物。高0.5～0.7米，茎基部近圆柱状，枝和小枝均扁平；枝交叉对生或二歧地分枝，节间长2～4厘米，宽4～6（－8）毫米，干后边缘肥厚，纵肋5～7条，层次明显。叶退化呈鳞片状。

本种分布范围广，产于我国西藏南部和东南部、云南、四川、甘肃（文县）、陕西南部、湖北、贵州、广西、广东、湖南、江西、福建、浙江（平阳）、台湾地区，尼泊尔、印度东北部、泰国北部、越南北部、马来西亚、印度尼西亚爪哇也有分布。

在普洱古茶树上，尤其是茶树树龄在上百年乃至上千年的老茶树上常见寄生。

全株入药，有清热利尿、祛风除湿的作用。主治风湿性关节疼痛、腰肌劳损。同时也是属于凉性的食材。

食例：螃蟹脚煲鸡汤

◆ 取1000克左右的净嫩鸡一只，放入1～2克的螃蟹脚，一起炖至肉烂，吃肉、喝汤，也记着把螃蟹脚吃掉。

《螃蟹脚》

摄影：李朝晖

年份：2021年

香茅草

中文名	香茅草	目	莎草目
拉丁学名	*Cymbopogon citratus* (D. C.) Stapf	科	禾本科
别称	包茅、柠檬草	亚科	黍亚科
界	植物界	族	高粱族
门	被子植物门	属	香茅属
纲	单子叶植物纲	种	柠檬草
亚纲	鸭跖草亚纲		

香茅草，别名包茅，拉丁学名*Cymbopogon citratus* (D. C.) Stapf，为禾本科香茅属多年生草本。秆较细弱，丛生，直立，近无毛，节部膨大。叶鞘无毛，基部者多破裂，上部者短于节间；叶舌钝圆，膜质，先端多不规则的破裂；叶片狭线形；两面近无毛，具白粉。

香茅草为本地原生物种，人工种植并被普遍用作食物香料。香茅草在印度和马来西亚已有很久的栽培历史。荷兰人将其作为鱼料理的调味品。香茅草一般可作为腌菜的调料和制做咖喱、果子露、汤、甜酒的配香。它可代替茶喝，还可提炼柠檬草油、皂用香精。

食例：香茅草烤鱼

◆ 把新鲜罗非鱼的鳞片去掉，用刀划开鱼腹，去掉肠肚杂物，洗净；将葱、姜、蒜、青辣椒、芫荽切细，与盐拌拢；把佐料放进鱼肚子里，把鱼肚子合拢，用两三根香茅草叶捆好，用竹片夹紧，放在火炭上烘烤。待八成熟时，抹上猪油，继续烘烤5分钟左右即可食用。由于罗非鱼肉鲜甜刺少、细腻嫩滑，深受人们喜爱。再加上在烘烤的过程中，填入鱼腹中的香料与肉香完美融合，使得香茅草烤鱼味道独特，具有香、酥、鲜的特点，极能增进食欲。

《香茅草》
摄影：李朝晖
年份：2021年

蓝花野茼蒿

中文名	蓝花野茼蒿	亚纲	合瓣花亚纲
拉丁学名	*Crassocephalum rubens* (Jussieu ex Jacquin) S. Moore	目	桔梗目
界	植物界	科	菊科
门	被子植物门	属	野茼蒿属
纲	双子叶植物纲	种	蓝花野茼蒿

蓝花野茼蒿，拉丁学名 *Crassocephalum rubens* (Jussieu ex Jacquin) S. Moore，菊科野茼蒿属植物，原产于非洲中部和南部、马达加斯加以及毛里求斯等地，近年在我国云南南部及中部的路边荒地已经比较常见，为一种新记录的归化种。

食例：野茼蒿炒肉

◆ 取野茼蒿嫩茎叶250克、鲜猪肉100克。将野茼蒿去杂洗净，入沸水中焯一下，捞出挤干水后切段。猪肉洗净切丝。将料酒、精盐、酱油、葱花、姜末放碗内搅成芡汁。锅烧热，下肉丝煸炒。倒入芡汁，炒至肉丝熟而入味，放入野茼蒿炒至入味，出锅。此菜有健脾滋阴、解毒的功效。

《蓝花野茼蒿》
摄影：李朝晖
年份：2021年

历史上，景迈山世居民族实行政府官员、部落头人和宗教首领“三方协管”社会治理体系。三者互有分工，又密切合作，较好地实施了景迈山社会治理。

乡规民约是当地居民在尊重自然、爱护茶林的价值观基础上自觉制定的行为准则。如今，严禁在古茶林中使用台地茶园的种茶方式、严禁将台地茶当作古树茶出售等也已经成为新时期乡规民约的重要内容。芒景村村民为保护本村古茶的品质以及品牌声誉，自发制定了《芒景村保护利用古茶园公约》。

信仰维系了景迈山世居民族的价值观，延续至今的社会治理体系、独特的茶祖信仰、以“和”为核心的当地茶文化、保护生态的村规民约，以及互敬互爱的风俗习惯，实现了人与茶、人与自然的高度联系，保证了这种传统延续千年并依然充满活力。

景迈山地区在宗教文化和茶文化的影响下，保存有较为丰富的文化遗迹，包括寺庙、古塔、古树、古井、古墓、古道、古寨遗址等，显示了景迈山悠久的发展历史。

芒洪八角塔位于村寨东部，建于清康熙年间，是布朗族用于收藏经书和珍贵文物的地方。初建时佛寺规模宏大，现仅存八角塔，整座塔风格独特，精雕细凿，十分精美。塔上的石雕图案，刻有大量儒家和道教文化的内容，如鲤鱼跳龙门等，显示了佛教与儒、道等多种文化的交流，充分说明了茶叶的种植、加工和贸易促进了景迈山与外部的互动。

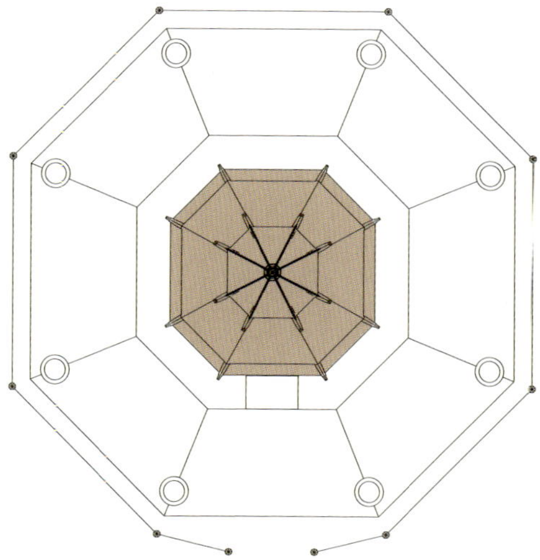

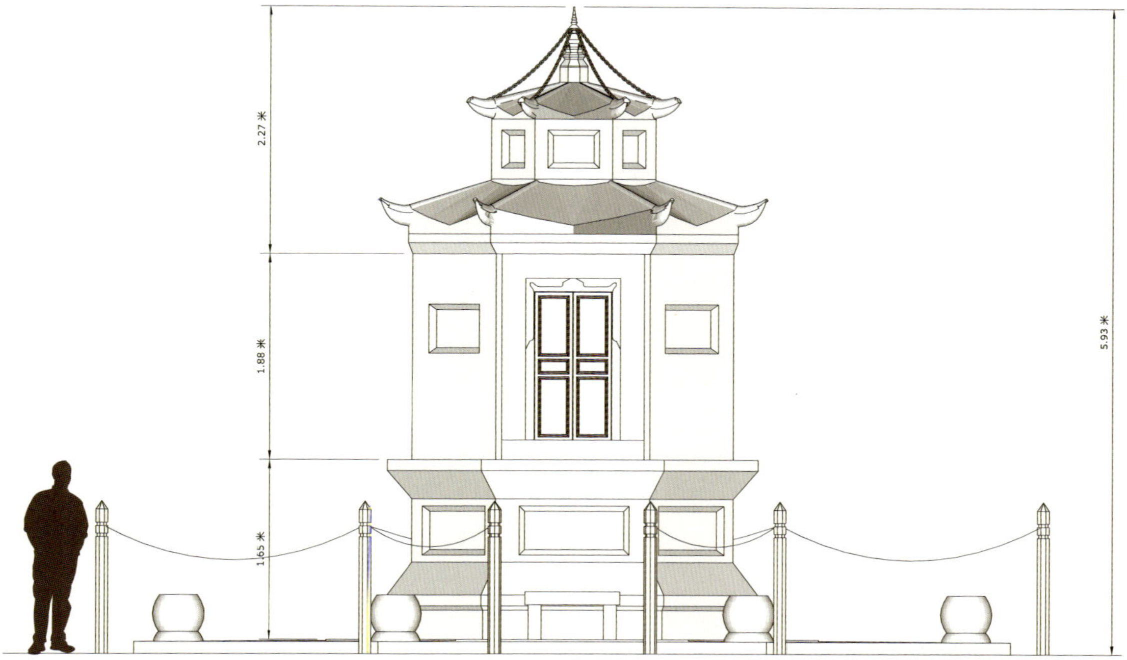

◆ 八角塔平面图（上）

◆ 八角塔立面图（下）

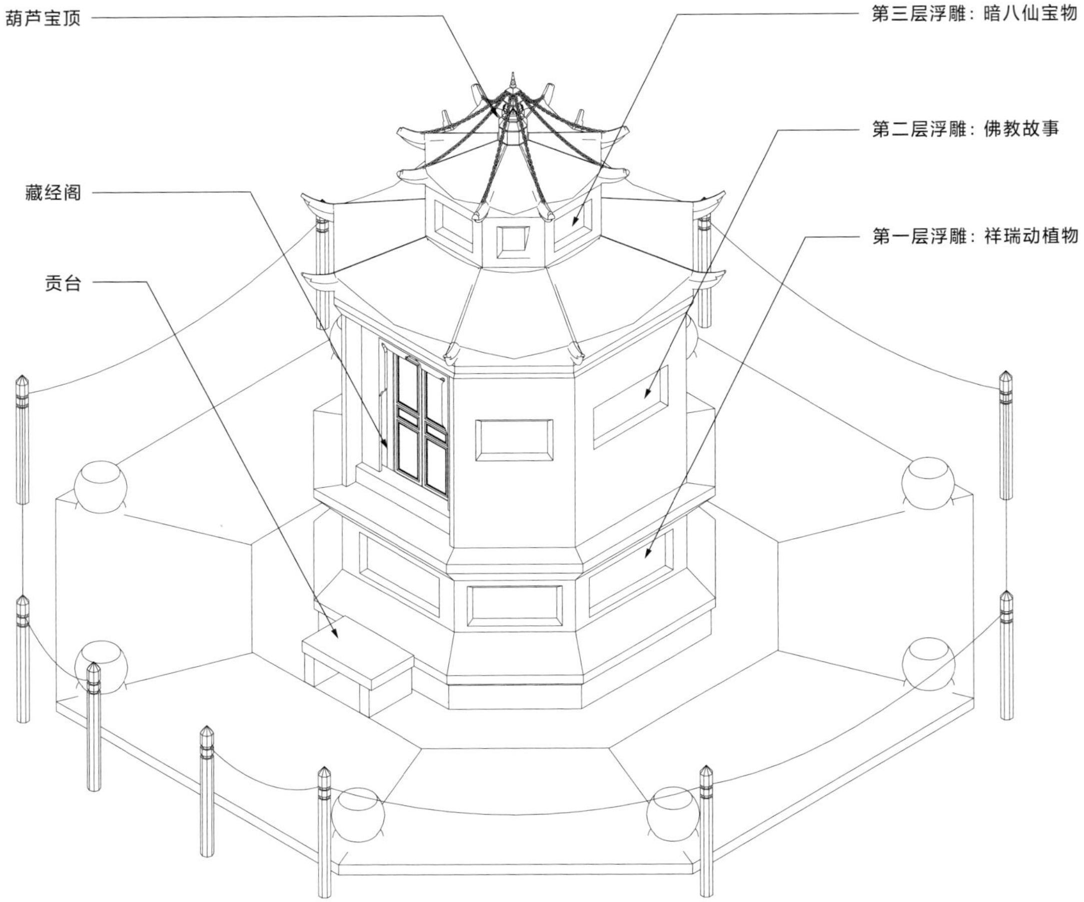

◆ 八角塔标注

◆ 芒洪八角塔模型

比例：1:100

材质：树脂3D打印

测绘：张一成

年份：2021年

在山康节期间有祭祀茶魂、召唤茶魂的独特仪式，它与南传上座部佛教一样，共同构筑了景迈布朗族的信仰体系。除了群众性的载歌载舞和在寺庙的祈福赕佛外，还有在古茶林里的原始祭祀活动，精彩纷呈。从2021年山康节的镜头里我们能捕捉到村民的信仰力量，纪录片试图解读布朗族精神世界里对茶叶、茶魂的敬畏，对自然的尊重和对茶文化的守护传承。

《景迈山物语：密林祭竜》
摄制：张海
时长：9分46秒
年份：2021年

除了饮食、音乐、舞蹈、节庆等，布朗族还有着独特的服饰文化。

《布朗族挎包》拍摄了村民玉荣用传统织布工艺制作布朗族挎包的过程。这项手艺在很多地方已濒临失传。

《布朗族挎包》

摄制：张鑫

监制：左靖

时长：5分16秒

年份：2021年

在布朗族的许多口头艺术形式中，保存着众多与茶有关的歌谣，这些歌谣或赞美茶祖帕哎冷，或陈述茶对布朗族生活的重要性，这些形式各异的歌谣，将布朗族与茶的关系用艺术的形式完美地表达出来。与茶相关的歌谣主要有:《哎冷赞歌》《有一个神奇的地

方》《布朗姑娘采茶忙》《布朗山寨春夜》《我们是大山的儿子》《古茶林》《茶是我们生活的源泉》《迎客歌》《采茶情歌》《妈妈教我学采茶》等。

《布朗族歌谣》
摄制：张鑫
监制：左靖
时长：6分33秒
年份：2021年

包去采茶

ags, we are going to pick te

歌者

叶掇 | 78岁 | 布朗族

Singer: Ye Duo

Age:78

Ethnicity: Blang

澜沧江发源于青海省，经由西藏来到云南。澜沧江水系的南朗河，自景迈山西北方向环绕遗产区北侧、东侧，在遗产区南部与环绕遗产区西侧的南朗河支流南门河交汇后，汇入打洛江，最后注入湄公河。它不仅为遗产区提供了独特的水文系统，也使景迈山形成了相对独立的地理单元。

作为云南最重要的音乐采集者之一，张兴荣自20世纪80年代起便开始在澜沧江流域收集民间音乐，并用人类学的方法为多个民族和地区制作"音乐档案"。作为一个多民族聚集地，仅云南段的澜沧江流域就分布有17个少数民族，而芒景村所在的澜沧县则是全国唯一的拉祜族自治县。本单元结合手稿、照片与录音，通过两名拉祜族人的"音乐档案"呈现澜沧江流域的音乐和声境。其中，展示的曲目、乐器和演奏技巧多为布朗族、傣族等民族所共享。

◆ 张兴荣的云南音乐笔记·澜沧江流域音乐分布图

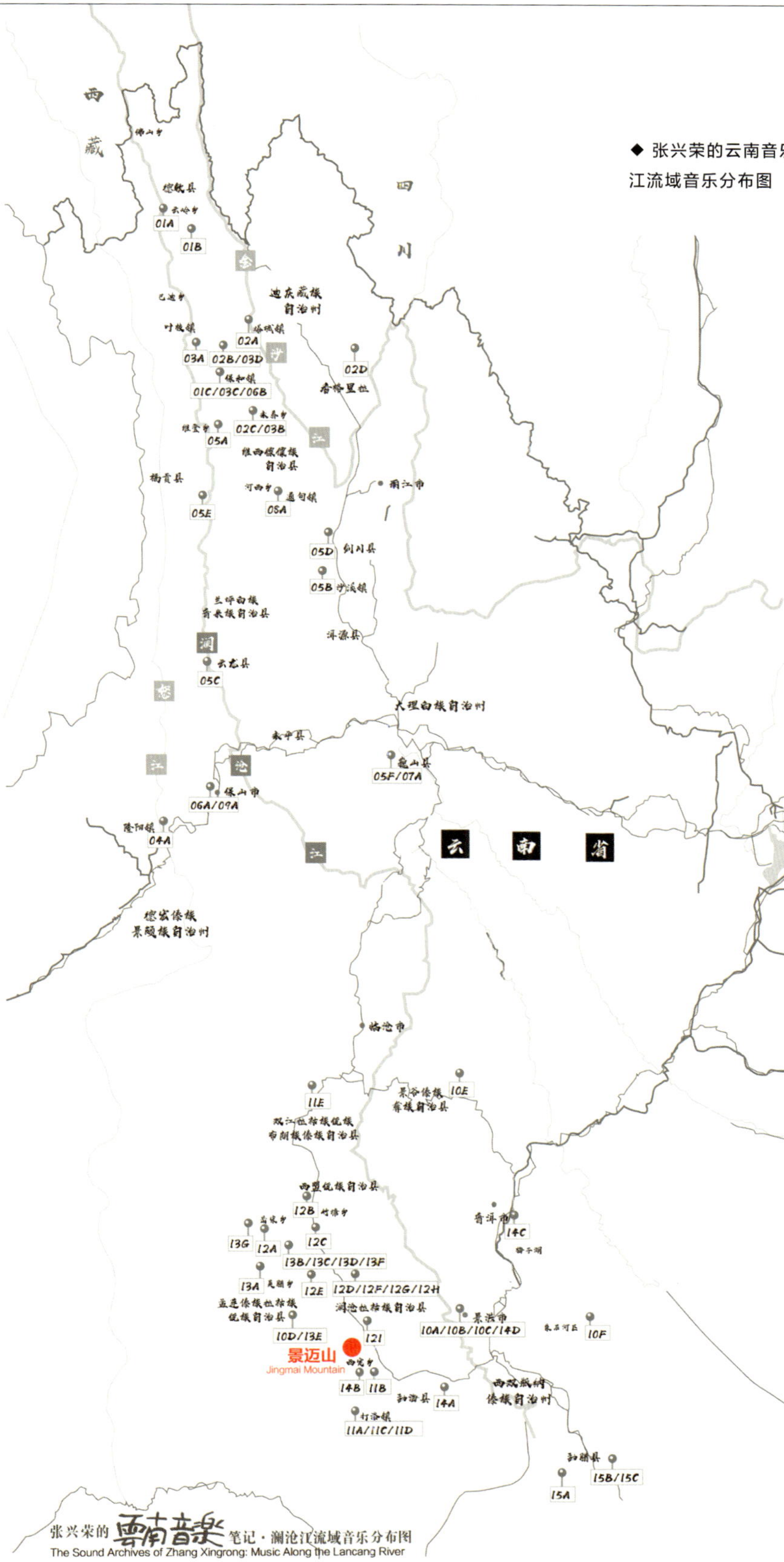

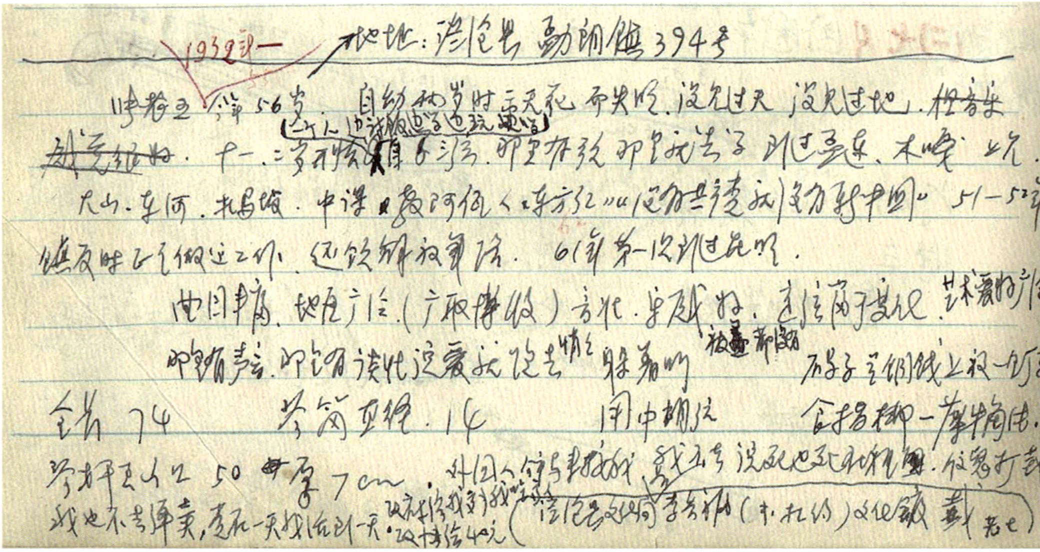

◆ 采访张老五时的笔记手稿

第一次采访

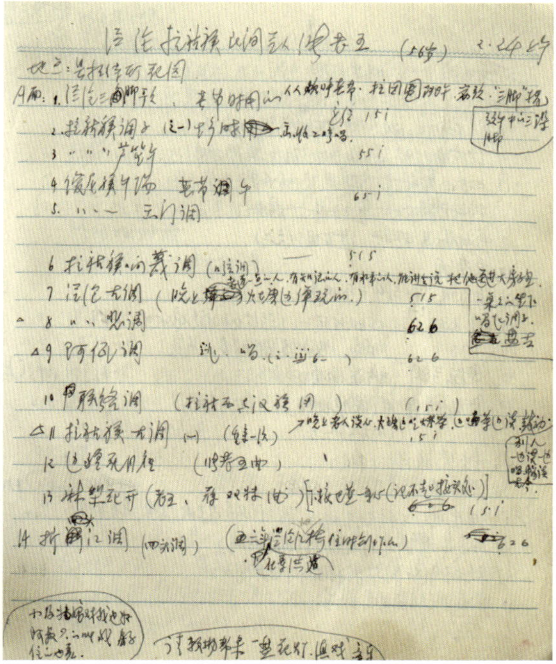

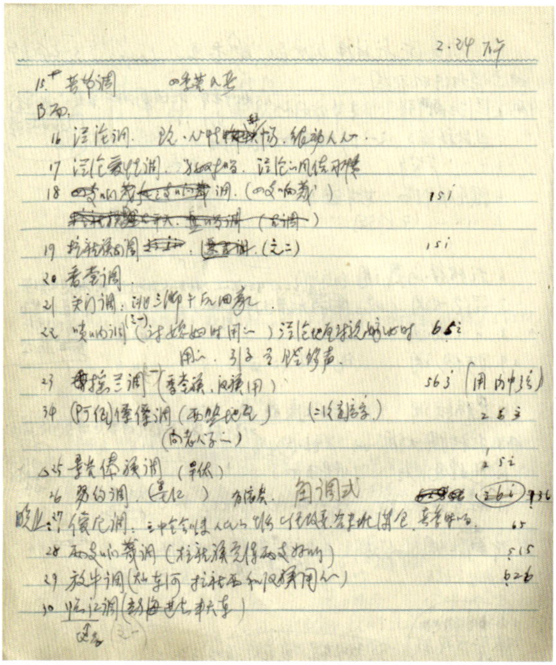

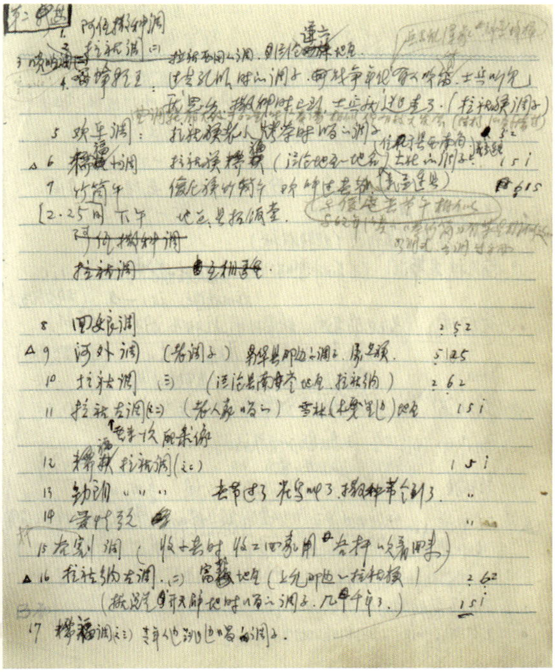

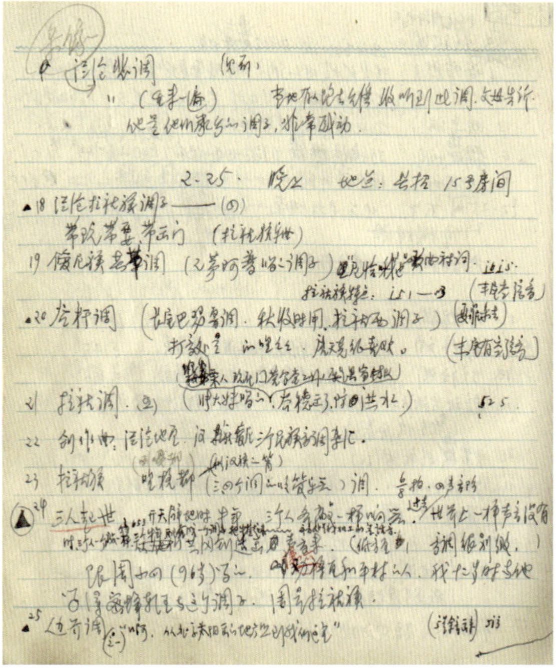

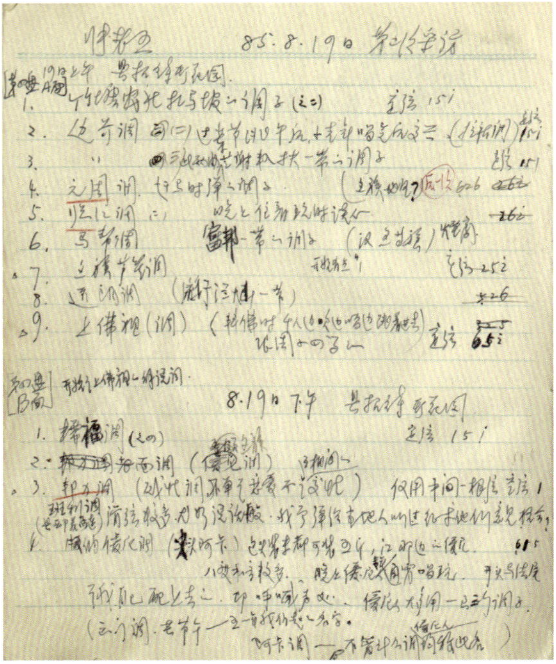

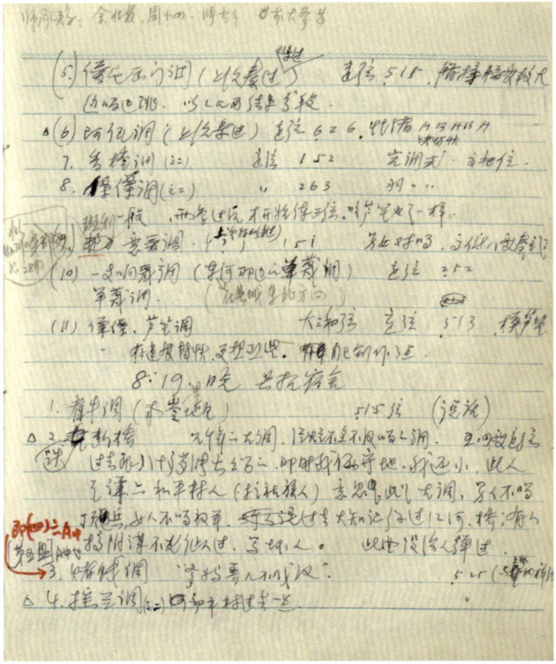

◆ 采访张老五时的笔记手稿

第二次采访

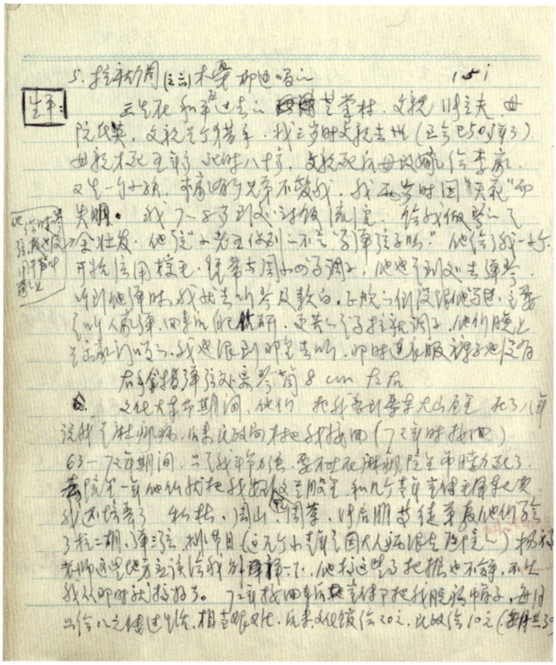

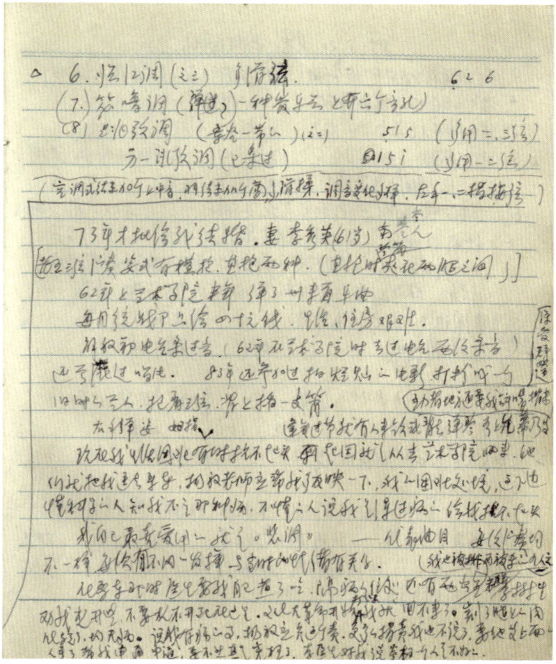

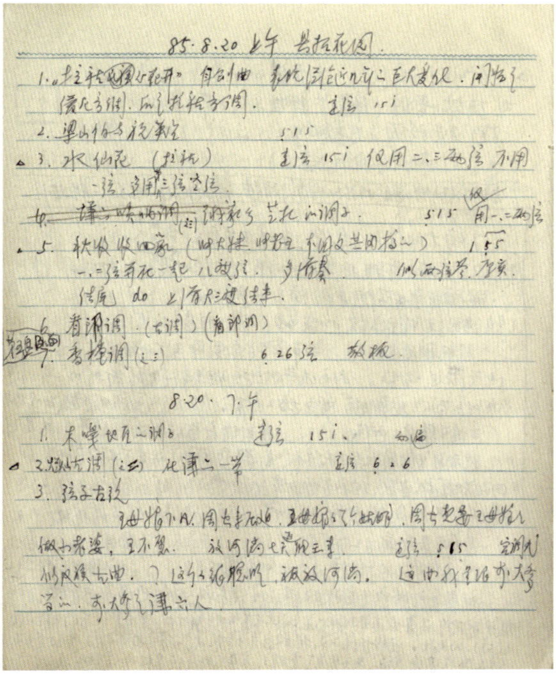

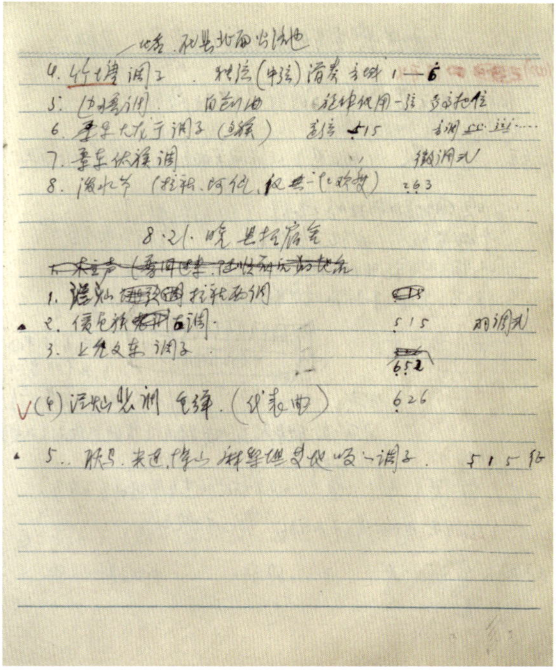

◆ 张老五和张大妹的音乐档案中的照片

最后的 Ka Nan Xian
The Last Ka Nan Xian
达曼即布朗族的祭司，布朗语音译为 Ka Nan Xian。他们学习研究傣文经典，是布朗族较大的宗教活动的组织者。达曼除了为人诵经占卜以外，大部分时间也会用来从事生产劳动。古代达曼负责全寨的土地分配、租借，与外寨交涉，接纳外来户，主持祭祀、婚丧仪式以及节日活动等重大事物。新的达曼通过占卜的形式在村寨中的成年男子中选举产生，无任期年限，其主要职责是通过宗教仪式与万物神灵对话。
影像里的达曼（Ka Nan Xian）作为景迈山地区布朗族最后的一位，在年幼时就进入佛寺学习十余载，经过层层考验与选拔，通过了最终的测试才正式成为一名达曼。他几乎熟悉布朗族人神对话的所有仪式，通晓布朗医药疗理，颇受布朗族人敬重。
目前景迈山的布朗族达曼相继过世。我们借助影像与多种媒介来感知布朗族人生命里的两个实际领域：现实（世俗）领域和神圣领域。实际领域的人依靠自身力量解决获取食物、繁衍后代的行为属于现实（世俗）领域；同时，他们在神圣领域对神秘的超自然力量产生祈求和依赖，冀图用这些力量解决生存和繁衍方面碰到的困难。
Da Man is the priest or "shaman" of Blang people and is pronounced
as Ka Nan Xian in the Blang language. They study Dai classics and
are the organizers of major religious activities of the Blang. In
addition to chanting and divining for people, Ka Nan Xian spent
most of his time engaging in productive labor. In ancient times,
Ka Nan Xian was responsible for land allocation and lease of the
whole village, negotiating with other villages, accepting foreign
households, hosting sacrifices, weddings and funerals, festivals and
other important matters. A new Ka Nan Xian is generally elected
among the male adults in the village through divination and has no
term of office. His main duty is to have a dialogue with the gods of
all things through religious ceremonies.
As the last Ka Nan Xian of the Blang people in Jingmai Mountain, the
shown Ka Nan Xian in the video studied in the Buddhist temple for
more than ten years at a young age and passed the final test after
many tests and selections. He is familiar with almost all the rituals of
the dialogue between man and gods of the Blang, as well as Blang's
medical therapy. He is highly respected by the Blang people.
At present, other Ka Nan Xian of Blang ethnicity in Jingmai Mountain
have passed away one after another. Here we use images and multi-
media to perceive two practical fields in the life of Blang people:
realistic (secular) field and sacred field. People in the practical field
rely on their own strength to solve the problem of obtaining food
and reproducing offspring, which belong to the realistic (secular)
field; meanwhile, they pray and rely on supernatural and mysterious
forces in the sacred field in order to solve difficulties in survival and
reproduction.
请扫码播放影像，感受景迈山的人神和谐、万物和谐……
Please scan the code to play the video and feel the harmony between man and gods, and the harmony of all things in Jingmai Mountain ...

达曼即布朗族的祭司，布朗语音译为Ka Nan Xian。他们学习研究傣文经典，是布朗族较大的宗教活动的组织者。达曼除了为人诵经、占卜以外，大部分时间也会用来从事生产劳动。古代达曼负责全寨的土地分配、租借，与外寨交涉、接纳外来户，主持祭祀、婚丧仪式以及节日活动等重大事务。新的达曼通过占卜的形式在村寨中的成年男子中选举产生，无任期年限，其主要职责是通过宗教仪式与万物神灵对话。

影像里的达曼作为景迈山地区布朗族最后的一位祭司，在年幼时就进入佛寺学习十余载，经过层层考验与选拔，通过了最终的测试才正式成为一名达曼。他几乎熟悉布朗族人神对话的所有仪式，通晓布朗医药疗理，颇受布朗族人敬重。

目前景迈山的布朗族达曼相继过世。我们借助影像与多种媒介来感知布朗族人生命里的两个实际领域：现实（世俗）领域和神圣领域。现实领域的人依靠自身力量获取食物、繁衍后代；同时，他们在神圣领域对神秘的超自然力量产生祈求和依赖，冀图用这些力量解决生存和繁衍方面碰到的困难。

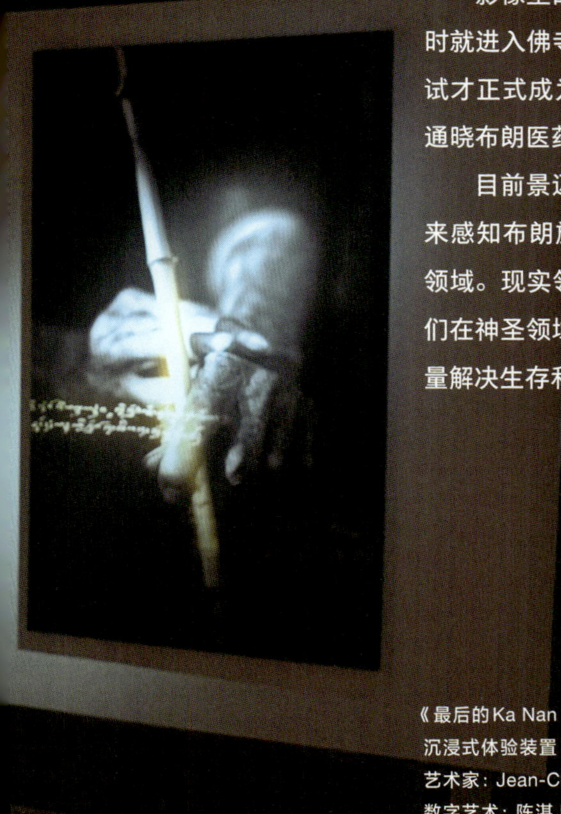

《最后的Ka Nan Xian》
沉浸式体验装置
艺术家：Jean-Charles Penot
数字艺术：陈湛 RK
本地调研：岩砍
研究团队：翁洼雨林探索
制作团队：Hybrid Studio
年份：2021年

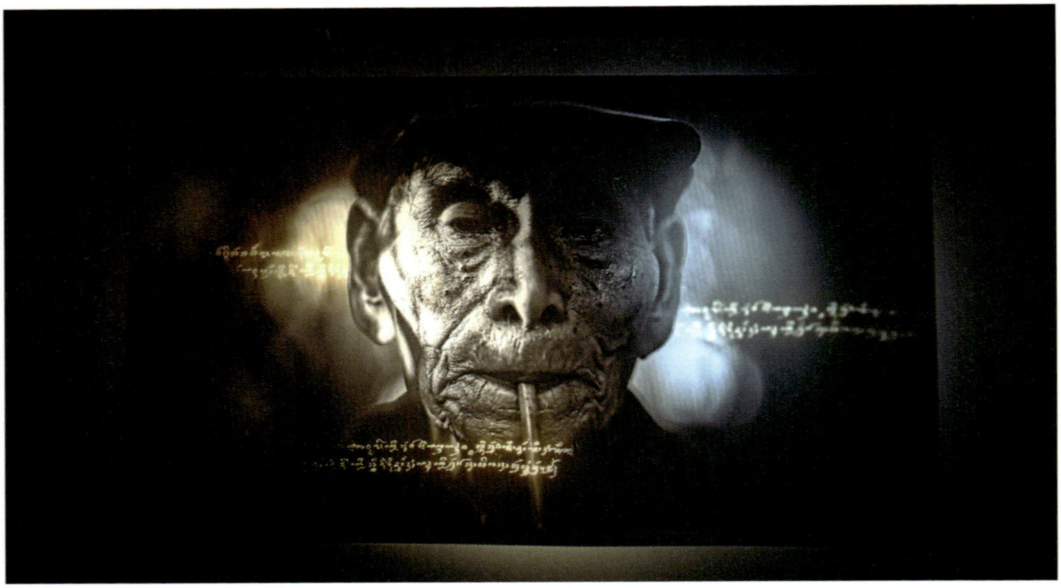

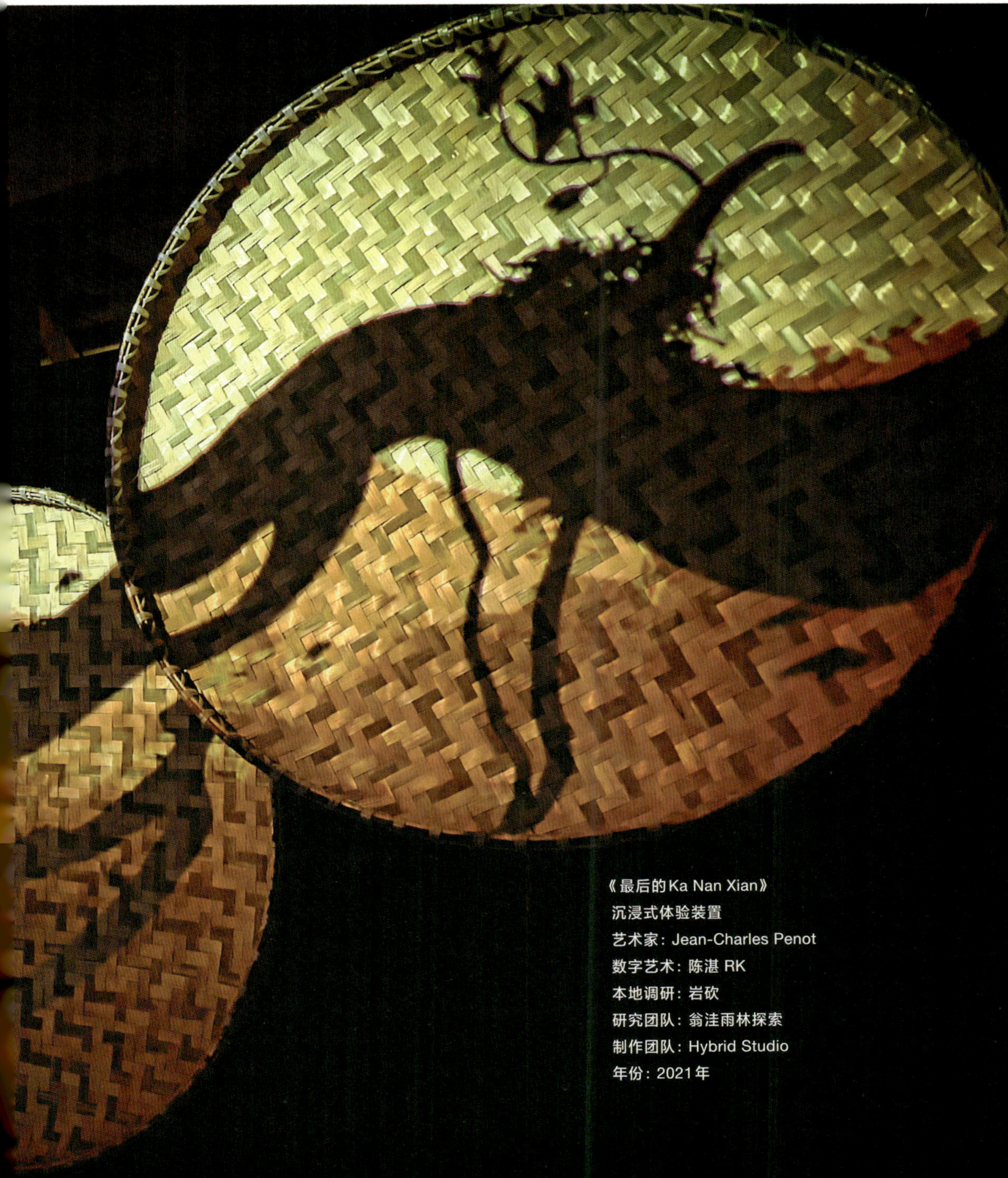

《最后的Ka Nan Xian》
沉浸式体验装置
艺术家：Jean-Charles Penot
数字艺术：陈湛 RK
本地调研：岩砍
研究团队：翁洼雨林探索
制作团队：Hybrid Studio
年份：2021年

5.1 芒景村村民茶产品

◆ 芒景村茶户参展品牌 ◆

门牌	品牌名称	户主姓名	产量（千克/年）
芒洪村民小组157号	腊源云度	刘永海	3000
芒洪村民小组134号	濮叶人家	岩荣	3000
芒洪村民小组3号	景上云普	罗江红	1000
芒洪村民小组138号	拥邦古茶	刀文海	3000
芒洪村民小组31号	贡榜界	刀文忠	5000
芒洪村民小组153号	景迈哎福	周小华	5000
芒洪村民小组107号	王香腊	吴新荣	2000
芒洪村民小组174号	景迈布朗兄弟	倪选	3000
芒洪村民小组112号	景迈叶果	科小梅	3000
芒洪村民小组126号	新华腊顶号	李新华	2000
芒洪村民小组32号	芒洪哎宾	哎宾	1000
芒洪村民小组101号	芒洪腊	岩门	1500
芒洪村民小组61号	佤龙腊	陈小华	3000
芒洪村民小组29号	八角塔腊	周天华	10000
芒景下寨村民小组47号	南濮村、祖柏榕	岩华	300
芒景下寨村民小组24号	芒景布朗人家	科新华	3000
芒景下寨村民小组62号	景顺号	而砍	3000
芒景下寨村民小组71号	哎腊冷苗	而药	360
芒景下寨村民小组67号	咛腊呼	岩在	2000
翁洼村民小组76号	景朗乔木	你保	5000
翁洼村民小组78号	翁洼腊香	李成国	5300
翁洼村民小组97号	布朗传奇景腊	你平	1500
翁洼村民小组104号	翁洼春	方愿平	25000
翁洼村民小组137号	布朗玉呢	玉呢	800
翁洼村民小组62号	门腊人家	晒门	1000
翁洼村民小组61号	文景号	王艳芳	1500

◆ 芒景村茶户参展品牌 ◆

门牌	品牌名称	户主姓名	产量（千克/年）
翁洼村民小组40号	存宇茶业	玉肯	4000
翁洼村民小组63号	翁笼阿腊	岩罗	25000
翁洼村民小组52号	迎客腊	哎江	2000
翁洼村民小组119号	哎冷腊	玉洪	2500
翁洼村民小组72号	叶景香	叶砍	2000
翁洼村民小组35号	腊国	陈建飞	3000
翁基村民小组75号	千年古寨、翁榕	晒砍	9000
翁基村民小组54号	三文奋斗	三文	7000
翁基村民小组55号	翁腊香妃	哎洪	2000
翁基村民小组27号	巴朗茶魂	倪罗	15000
翁基村民小组8号	翁基颐浓	你江	1200
翁基村民小组31号	翁基龙柏	哎糯	2000
翁基村民小组57号	腊山客	而辍	4000
芒景上寨村民小组112号	景迈千秋	南海剑	9000
芒景上寨村民小组87号	阿婆茶	苏文新	1500
芒景上寨村民小组62号	布朗公主茶	而波	25000
芒景上寨村民小组27号	腊茗	苏兴华	1500
芒景上寨村民小组98号	帕哎冷	苏爱华	2000
芒景上寨村民小组123号	景阳玉圆	科新华	2000
芒景上寨村民小组4号	贡埡山	小科文	300
芒景上寨村民小组18号	濮三马	杨国公	1000
芒景上寨村民小组17号	汪弄翁发	叶宝	100
芒景上寨村民小组142号	濮叶香	三勇	1500
芒景上寨村民小组69号	勇杰茶业	艾勇	3500
芒景上寨村民小组87号	Theasophie	苏玉亩、岩柯（Brian Scott Kirbis）	500

"芒景村" 展览现场
摄影：张鑫
年份：2021

白茶

“芒景村”展览现场

摄影：张鑫

年份：2021

与点×离村

“与点”取自《论语》，是以茶为媒的文化品牌，以日用之道为主旨，延伸至工艺文化在当代生活的融入与展示，以人为本，回归日常。

离村致力于乡村（镇）建设，依循“服务社区、地域印记和联结城乡”的基本原则和“往乡村导入城市资源，向城市输出乡村价值”的路径，在乡村的社会设计中覆盖“关系生产、空间生产、文化生产和产品生产”四个领域，强调文化创造力和可持续性，以培养社区的文化自觉、改善当地文化环境等作为目标方向。

◆ 产品包装设计：PAY 2 PLAY

JINGMAI MOUNTAIN TEA SERIES
南
朗
JINGMAI MOUNTAIN TEA SERIES

百工品牌立足于本民族的乡土历史语境，力图寻找一条百工复兴之路。品牌结合当代设计，深入探索吾乡吾土吾民的美学观念，激活民间百工在当代的新生，进而探讨其在当代社会中的运用与可持续发展。

◆ 产品包装设计：纸贵

熟茶
JINGMAI RIPE TEA
100G

茶树花

红茶
JINGMAI BLACK TEA
100G

景邁
春香
景迈春香
净含量:357克
云南景迈山普洱茶饼
0085
净含量:357克
0085
云南景迈山普洱茶饼
001

“芒景村”展览现场
摄影：张鑫
年份：2021

澜沧古茶

澜沧古茶是一家集研发、生产和销售于一体的综合性茶叶企业，品牌历史可追溯至1966年设立的澜沧县茶厂。澜沧古茶依托普洱茶原产地的地缘优势，通过与临沧、普洱、西双版纳三大普洱茶主产区的百余个茶叶专业合作社及其初制所的常年稳定合作，掌握了大量一手的优质原料资源，库存（原料及成品）常年稳定在4000吨以上。产品以普洱茶为主，且品类丰富，囊括了生茶、熟茶和调味茶等，根据产品特性划分为“重器”“本味”“和润”“自在”四大系列。

澜沧古茶的001系列自1999年诞生以来，至今已有22代。其选料为景迈山古茶园里质量出色的明前春茶和来自哎冷山以及芒景、景迈等村寨的古树原料。制茶匠人在当年入选的原料基础上，调入陈年的001原料，为后期存放带来精妙变化。20世纪60年代，首批茶训班学员在景迈山规模种植生态茶园，通过对茶树留养、茶园种植覆阴树、间种名贵树种、有机肥料管理等形式，建立起了具有生物多样性的立体复合园林。澜沧古茶于2008年推出的“景迈春香”系列茶品即选用20世纪60年代生态茶园的明前老树茶为主料，精心调入景迈古树茶制成。

"芒景村"展览现场
摄影：张鑫
年份：2021

柏联普洱

柏联普洱茶庄园集茶叶种植、加工、仓储、旅游和文化为一体，包含茶园、制茶坊、茶窖、茶道、茶山寨、茶博物馆、祭茶祖、茶佛寺和茶酒店九大内容，开创了以茶为主题的旅游新模式。庄园恪守《景迈山宣言》——尊重并保护景迈山的每一棵参天大树，每一棵伏地小草，每一缕阳光，每一寸土地，每一捧泉水；它是中国第一家拥有733.33公顷自营大叶种茶叶种植园的庄园，其种植及加工已全面通过欧盟（IMO）有机认证。

柏联普洱，是通过庄园化模式打造的普洱茶品牌，现拥有普洱茶、红茶、白茶、绿茶等200多款产品。产品在包装上既融入了传统及地域文化，又注入了时尚的现代元素。"典藏系列"精选庄园当年最佳的古树春茶，用传统工艺的创新配方精工制作。柏联漆器礼盒采用日本漆器技艺，茶饼以景德镇瓷盘盛放，衬以泰丝，分三色配以不同的典藏系列普洱，限量发行。"茶禅系列"配有红绿双色的精美纸浆礼盒，以南传佛教之佛头像与佛手像为图案，分生、熟茶饼和茶砖两类，并特邀高僧开光以祝祥和平安。

茶靈（Cha Ling）的故事始于一个国际家庭——德国著名生态学家马悠博士（Dr. Josef Margraf）、妻子李旻果女士、女儿林妲与宛妲保护中国古茶林的生态梦想。2000年，马悠博士与妻子李旻果共同成立了天籽生物多样性发展中心，致力于生物与文化多样性的恢复与保护。这个家庭花了近20年将布朗山老班章村444.4 公顷荒山再造雨林，希望建立一个弘扬生态经济的山地雨林样板。茶林作为澜沧江流域山地雨林里的一个特殊植被类型，是雨林再造行动中的重要对象。随着引入与践行先进的环境保护理念和秉承可持续发展原则的自然、经济、文化推进之道，这个家庭及受其自然理念所感染、召唤而来的朋友们，努力探讨着本地文化与和谐自然观照下人与人、人与物、人与自然、在地文化挖掘与国际化延展的关系，共同构建了一个生命景观系统。

2010年，同样热衷于环保和可持续发展的法国路易酩轩集团（LVMH）与天籽生物多样性发展中心进行合作，让普洱茶以一种全新的方式与世界联通。2012年12月12日，作为一个源自生态梦想的品牌，“茶靈”开启了景迈山与巴黎、山林与都市的对话。景迈山和布朗山高海拔森林古树普洱茶与法国一线尖端萃取科技结合，普洱茶的用途第一次被延展到食用、药用之外的护肤领域。“茶靈”秉承获取与惠益分享原则运行，建立产品可追溯系统，最大程度保护和修护原生境，原材料实价采购，产品收益部分回归当地，助力地方进行有机认证等诸多举措，积极促进景迈山经济和文化的发展。

“茶靈”产品的核心成分从古茶林里的普洱茶中萃取。法国实验室投入巨额研发经费与技术支持，对普洱茶进行深度成分研究。普洱茶的护肤功效首次被展示在国际舞台。产品包装设计也从环保的角度出发，包括减少玻璃瓶的重量，创造可替换装内芯，使用环保可水洗的涂料等，最大程度地减少包装浪费和环境污染。产品瓶身则采用“留白”设计，在简化包装的同时，可供消费者发挥想象及产生更多艺术联动。

◆ 马悠博士和妻子李旻果、女儿林妲与宛妲在湄公山庄的合影
摄影：周裕隆
年份：2010年

◆ 李旻果在芒景村哎冷山上的茶魂树下
摄影：周赛兰
年份：2021年

“芒景村”展览现场

年份：2021年

◆ 李旻果在天籽山检查复育的兰花
年份：2012年

五

景迈村

Jingmai Administrative Village

1. 景迈村概述

村寨与民族

作为景迈山上的两个行政村之一，景迈村隶属于普洱市澜沧县惠民镇，共拥有九个自然村寨，生活着汉族、傣族、佤族和哈尼族，是个多民族和谐共处的区域。其中，笼蚌是哈尼族村寨，20世纪初由南朗河北岸迁来；老酒房是汉族村寨，系20世纪40年代迁入，以村民擅长酿酒得名；南座为佤族村寨，据传为一个佤族部落于19世纪中叶迁居于此。其余的景迈大寨、勐本、芒埂、糯干老寨、糯干新寨和班改均为傣族村寨。

景迈山上的傣族世居于此，因此自称“傣莱”，即山头上的傣族。“景迈”在傣语中意为傣族迁徙而建的新城或新寨。据口传历史和佛寺经书记载，景迈傣族来自“远在西边天国的勐卯”，即今天的德宏瑞丽，先民头领召糯腊在狩猎过程中追寻一只金马鹿来到景迈山。景迈傣族的最先建寨地是景迈大寨，随后分出勐本和糯干，芒埂又从勐本分出。

茶与人

山上的民族与茶相伴，依茶为生。他们不仅以茶为药、以茶为食，还将茶作为迎客好礼、爱情信物、邀请信函和祭祀贡品，使其填满了物质与文化生活的各个角落。傣族茶林里设有茶神树，庇佑着整个景迈山傣族的茶树和

景迈山展示中心
惠民镇
景迈村展示厅
糯干村展示点
翁基村展示点
芒景村展示厅
遗产要素村落
申报遗产区
缓冲区
古茶林
分隔护林带
展示中心
展示厅
展示点
当前所在位置

每家每户的小片茶地。茶神树一经选定便不再更改，世世代代守护着这里的生命与生活。如今，山上农户均已加入茶叶合作社。可持续发展的茶经济使得这份古老遗产历久弥香，只要家园的茶树还在吐露新芽，生活就能枝繁叶茂。

信仰与空间

景迈山村民主要信奉南传上座部佛教。佛寺既是宗教活动场所，也是传授民族历史文化的地方，过去的傣族男性普遍都要到佛寺进行传统仪式活动并接受教育，至少七日，自愿还俗。此外，支撑着景迈山上日常生产生活的还有“万物有灵”的民间信仰。这种对山水林茶的敬畏之心也逐渐发展成朴素的生态伦理。

景迈山村寨的中心区域为“寨心”，且每个傣族寨子均设有佛寺，建于寨中高台。村寨建筑围绕寨心呈圈层平面向外发展。傣族民居本身也大有讲究，为适应独特的山地地形与气候，采用历史悠久的干栏式建筑结构，除生活起居外，还有牲畜养殖、茶叶加工和粮食储藏等功能。屋脊上的黄牛角是傣族的图腾，屋内以火塘、男柱和女柱等元素划分空间，其中男性神柱是家庭祭祀的场所。极具地域特色的文化与信仰缔结了人与茶、人与自然的精神联系，并维系了古茶林文化景观的千年传承。

1. 景迈村概述

1.1 景迈村地图

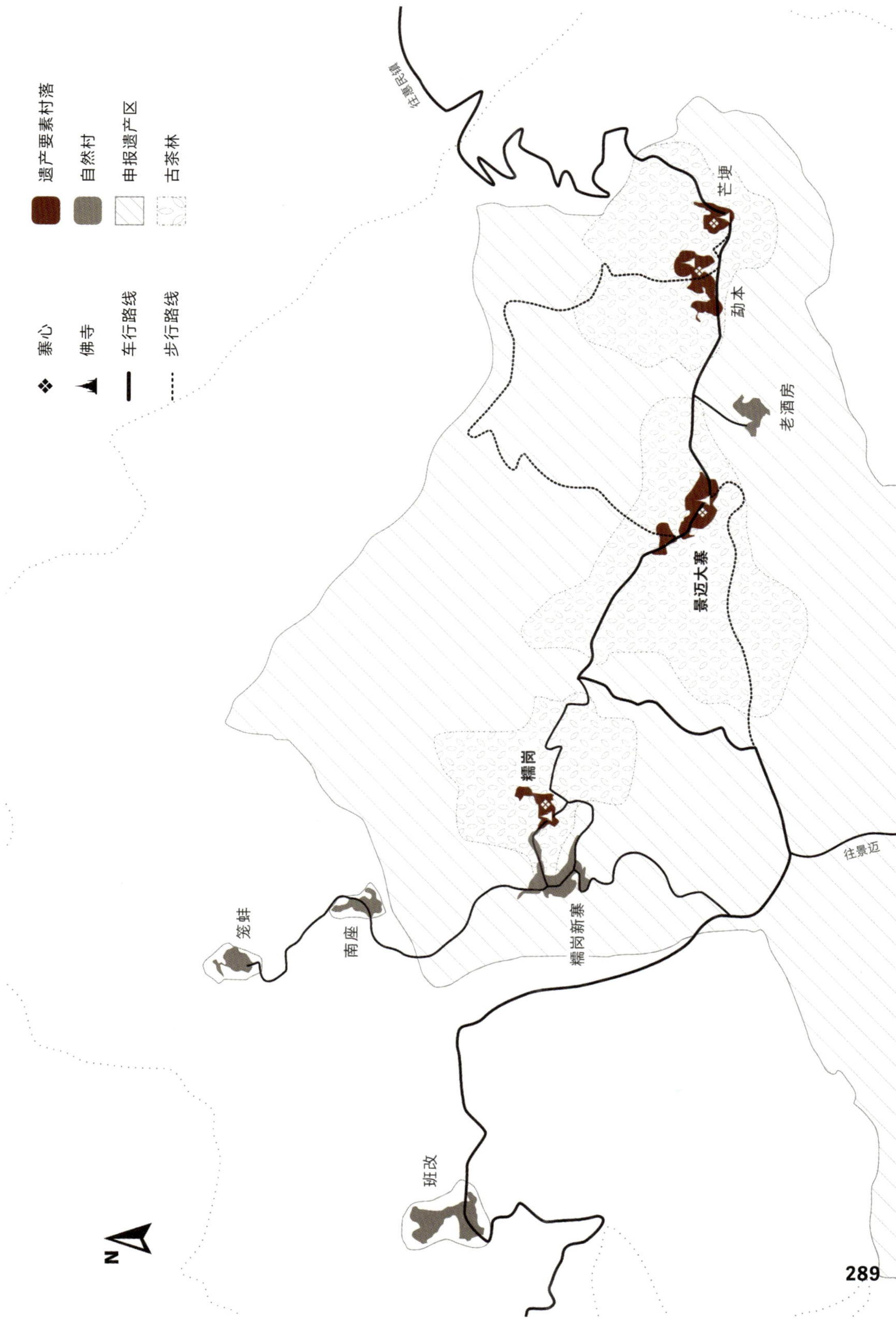

人口 **810**（户）**3373**（人）

民族 **4**（个）

古茶林 **648**（公顷）

景迈村主要由傣族、汉族、佤族和哈尼族4个民族组成，其中人口以傣族为主。

耕地面积 **1255**（公顷）

景迈村的耕地以种植稻谷、玉米为主。

自然村 **9**（个）

景迈行政村下辖9个自然村寨：芒埂、勐本、景迈大寨、糯干老寨、糯干新寨、老酒房、班改、南座和笼蚌。

传统民居 **293**（栋）

整个景迈村共有传统民居293栋，其中糯干村的传统民居建筑最为集中，有94栋。

数据采集时间：2018年

2. 茶林生态与村落构成

景迈山是世居民族保护并合理利用山地和森林资源的典范。世居民族利用因地制宜的土地平面、垂直利用技术和村寨选址、建设技术等传统知识体系，通过以古茶林为核心的生产、生活和生态用地的合理分配和可持续利用，创造了茶在森林中、村在茶林中、耕地和其他生产活动在茶林外的智慧的山地人居环境，是可持续发展的山地森林农业文化景观的杰出代表。

2.1 遗产三要素

景迈山遗产区包含了所有表现茶文化景观突出普遍价值的要素，包括保存完好、分布集中、规模宏大的5片古茶林，古茶林的主人—— 布朗族、傣族等世居民族的9个传统村落，以及作为古茶林隔离和水源涵养的3片分隔防护林。林、茶、村，这三大要素组成了完整的景迈山古茶林文化景观，同时还有古茶林以外的耕地和林地等，不仅完整反映了独特的林下茶种植技术以及相应的信仰和传统知识体系，而且充分反映了遗产地人与自然和谐互动的关系，使景迈山具有生态系统和文化系统的完整性。

2.1.1 古茶林

景迈山古茶林历史悠久，智慧的林间开垦和林下种植技术延续至今，生态系统良好，充满活力，主要分布在海拔1250～1550米的山坡上、村寨周边、森林之中。景迈山现存5片保存完好的古茶林，总面积1180公顷。芒埂—勐本古茶林、景迈大寨古茶林和糯干古茶林位于申报遗产区北部，依托白象山和糯干山。

芒埂—勐本古茶林位于申报遗产区内东侧，古茶林面积约190公顷，包含芒埂、勐本两个村寨。片区海拔1100~1560米，南北最大距离1700米，东西最大距离2100米。

景迈大寨古茶林片区以白象山为中心，位于申报遗产区东北部的景迈村内。片区内古茶林总面积约310公顷，包含景迈大寨 1 个村寨。片区内海拔1065~1600米，南北最大距离2800米，东西最大距离3200米。每公顷样方内茶树占植物总数的92%左右，且有多依、木荷、密花树、南酸枣等25种乔木。

糯干古茶林以糯干山为中心，位于遗产区西北部，隶属景迈行政村。空间上又分为两个板块，总面积约146公顷。片区内海拔1450~1500米，南北最大距离2000米，东西最大距离1750米。每公顷样方内茶树占植物总数的90%左右，且有白檀、野柿、老虎楝、樟等 44 种乔木。

◆ 芒埂一勐本古茶林影像图

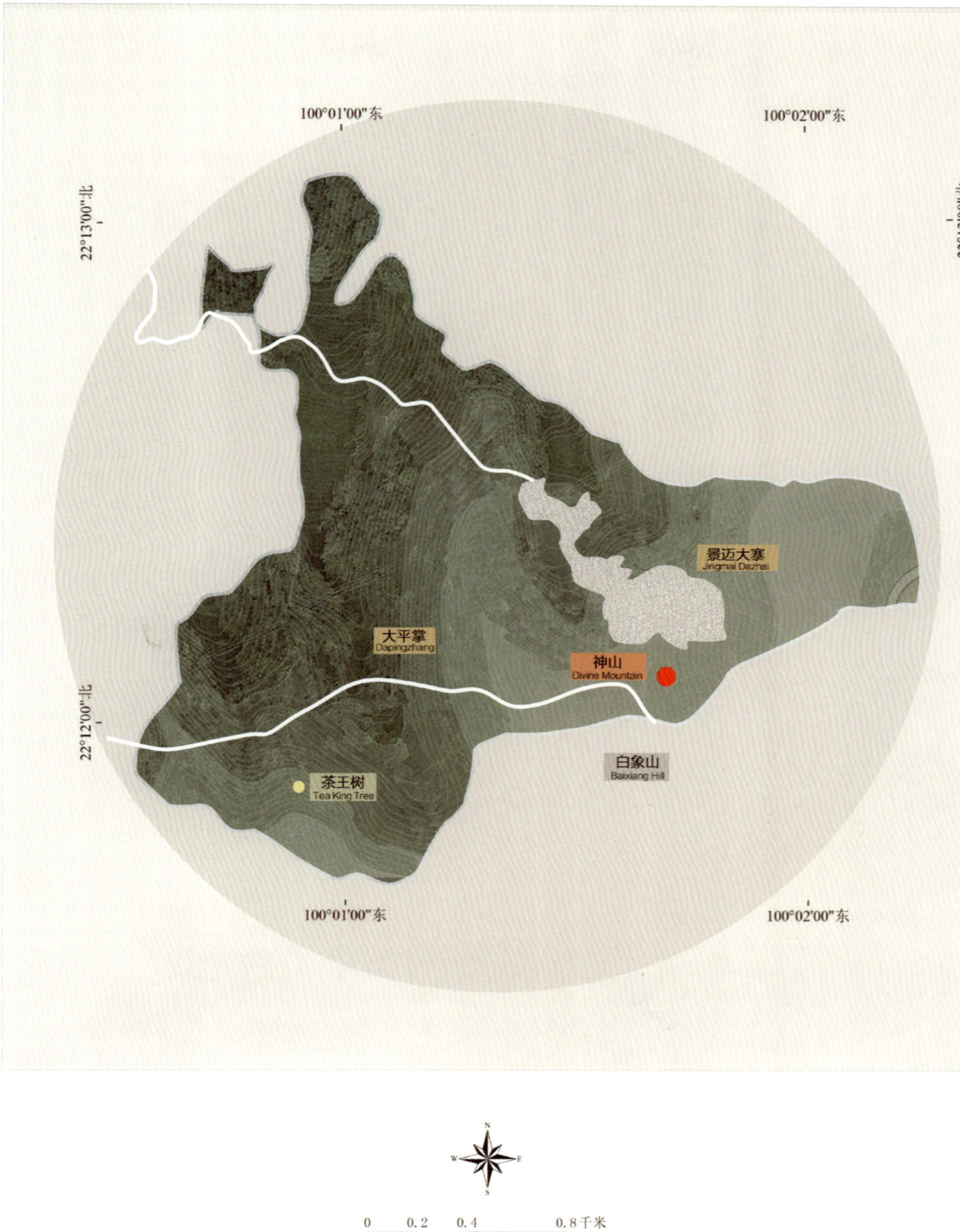

100°01'00"东
100°02'00"东
22°13'00"北
22°12'00"北
景迈大寨
Jingmai Dazhai
大平掌
Dapingzhang
神山
Divine Mountain
白象山
Baixiang Hill
茶王树
Tea King Tree
N
W
E
S
0
0.2
0.4
0.8千米

◆ 景迈大寨古茶林影像图

糯岗山
Nuogang Hill
神山
Divine Mountain
糯岗旧寨遗址
Ruins of Nuogang Laozhai
糯岗
Nuogang
糯岗新寨
Nuogang Xinzhai
100°00′00″东
N
W
E
S
0
0.15
0.3
0.6千米

◆ 糯干古茶林影像图

景迈大寨是傣族先民迁徙到景迈山后的第一个部落聚住点，也是景迈山傣族首领居住的地方，是整个景迈山对外的交通枢纽。随着部落人口的增加，逐渐开始分散建寨。以糯干为例的村寨寨址还曾因水源、疫病等问题有过迁移。1949 年以前，各村落在空间规模上变化不大。20 世纪 90 年代开始，由于村寨发展，景迈大寨、糯干等均在原来老寨以外另行建设了新寨，而勐本、芒埂等则在老寨四周向外扩展。

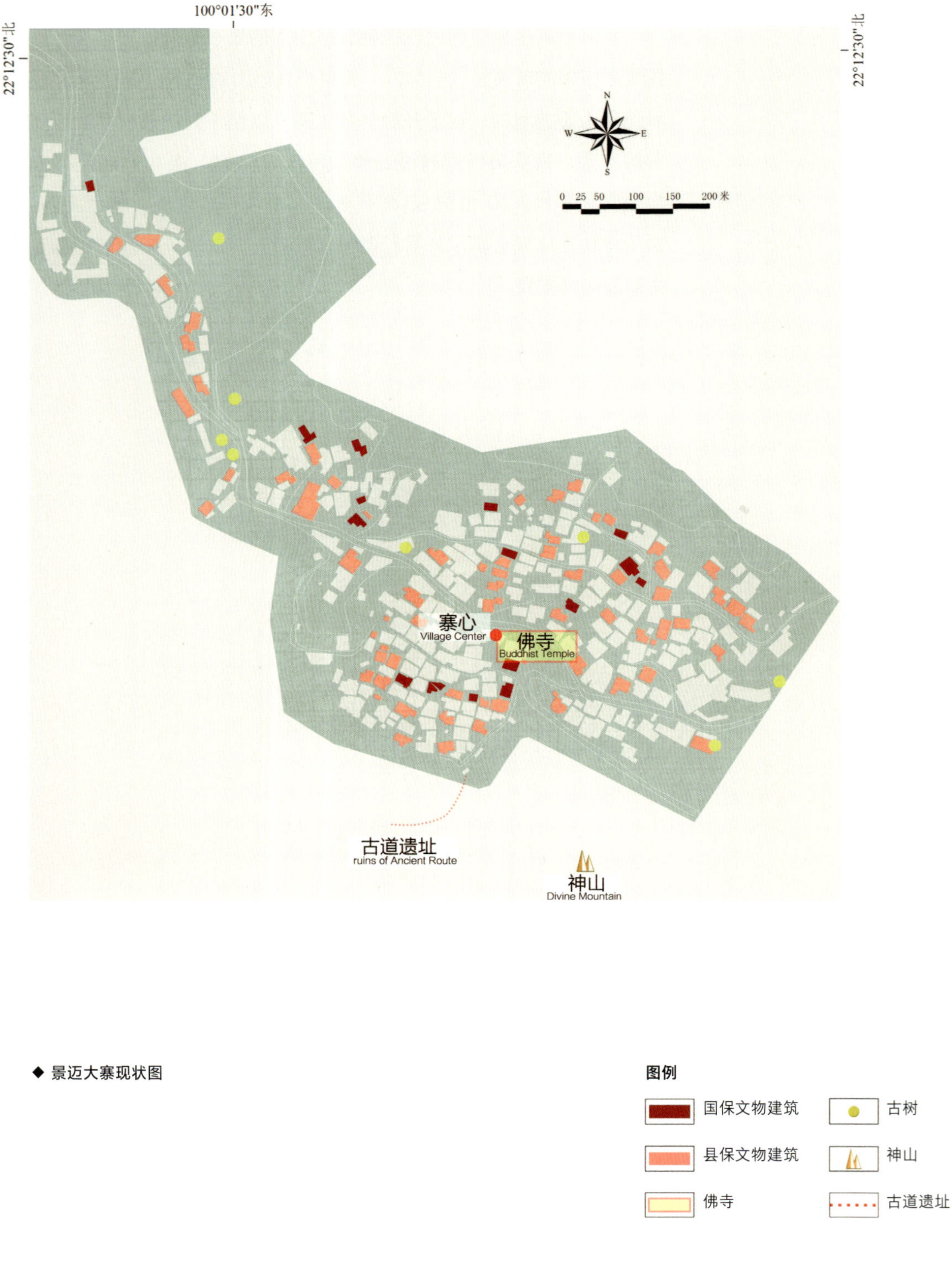
100°01'30"东
22°12'30"北
22°12'30"北
N
W
E
S
0 25 50 100 150 200 米
寨心
Village Center
佛寺
Buddhist Temple
古道遗址
ruins of Ancient Route
神山
Divine Mountain
图例
国保文物建筑
县保文物建筑
佛寺
古树
神山
古道遗址

◆ 景迈大寨现状图

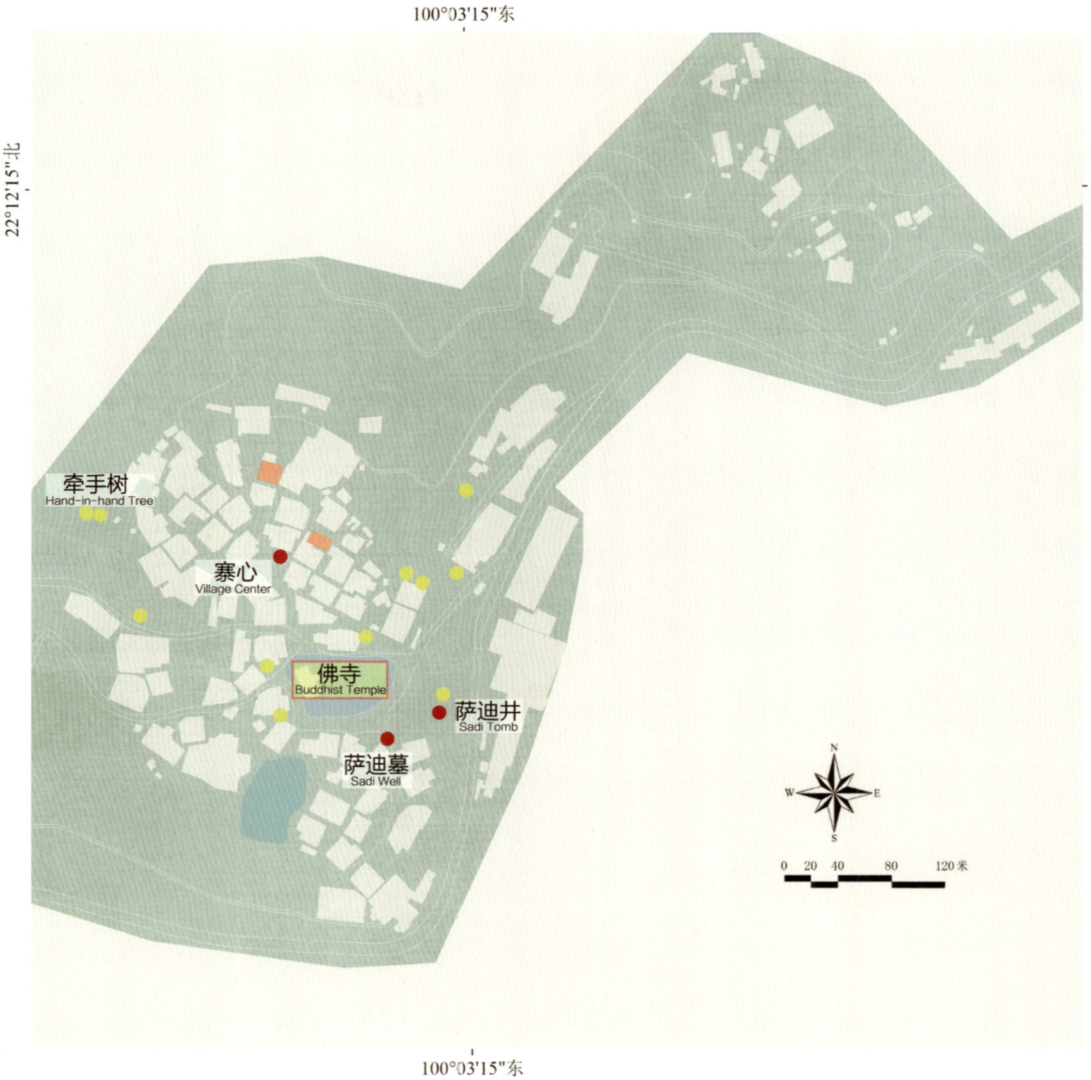

图例

县保文物建筑　古树

佛寺

◆ 芒埂村寨现状图

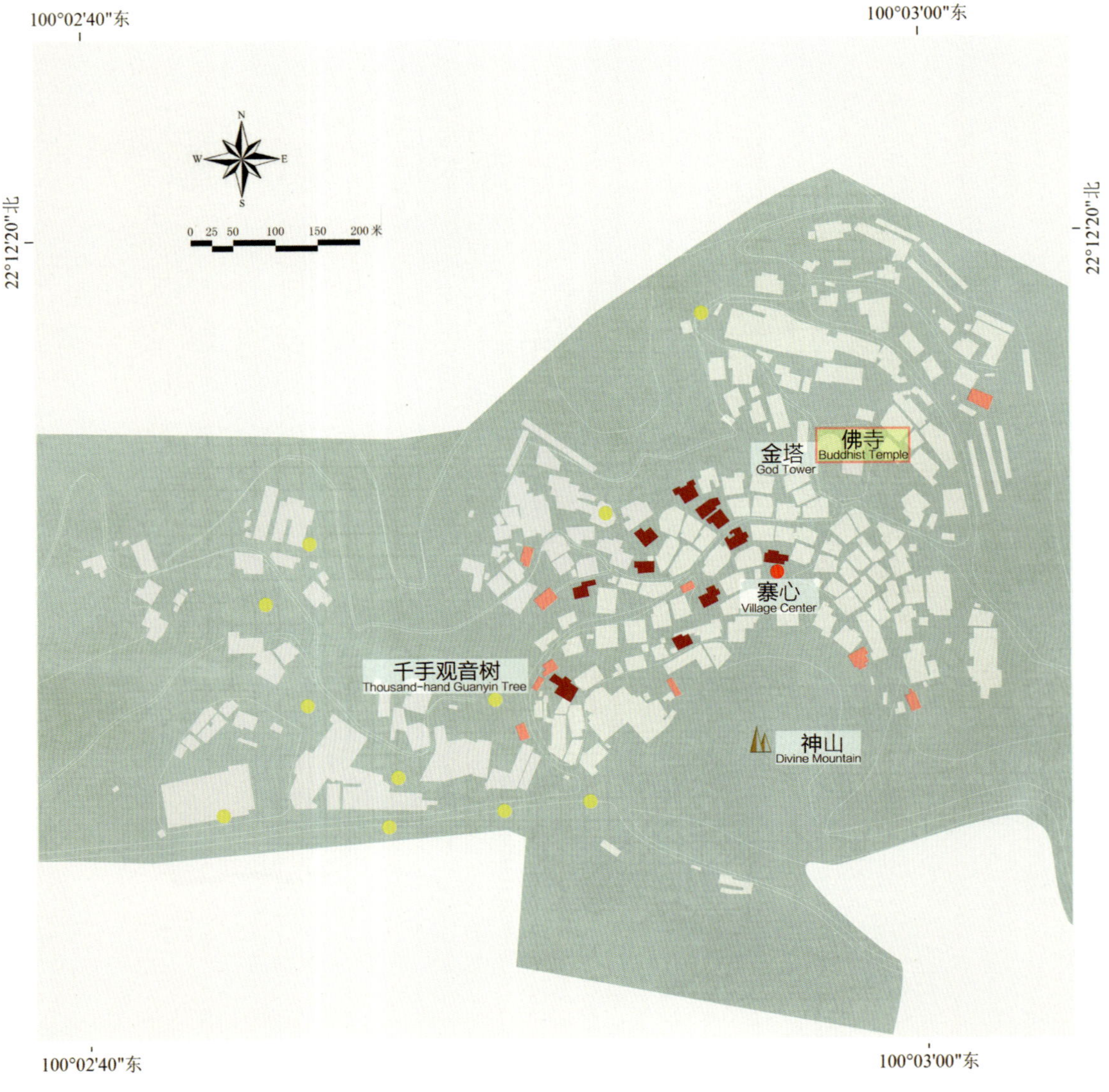

◆ 勐本村寨现状图

图例

- 国保文物建筑
- 县保文物建筑
- 佛寺
- 古树
- 神山

100°00'01"东
22°13'00"北
N
W
E
S
0 15 30 60 90 120米
神山
Divine Mountain
佛寺
Buddhist Temple
寨心
Village Center
风雨亭
Pavilion

图例
国保文物建筑
佛寺
县保文物建筑
神山

◆ 糯干老寨现状图

景迈山古茶林不仅努力保持每片古茶林的森林生态系统，而且为了避免大规模连片开发容易产生低温冻伤、虫害传染等自然灾害，在不同古茶林片区之间保留部分森林作为分隔、防护之用，以确保整个景迈山古茶林能持续传承。分隔防护林历史上被轮作开垦过，近 50 年来禁止耕作而逐步恢复了森林生态。景迈山共有三片典型分隔防护林，其中有两片位于景迈村，同时它们也是村落重要的水源林。

景迈—糯干古茶林分隔防护林位于景迈大寨白象山与糯干山之间的两条山脊上，面积约 20公顷，目前是省级生态公益林地。防护林两侧即为景迈大寨和糯干古茶林。 糯干—芒景古茶林分隔防护林位于糯干村寨北部的糯干山上，面积约57公顷，属于糯干村集体林地，是天然林。它是糯干片区古茶林与翁基—翁洼片区古茶林的分隔防护林，同时也是糯干村寨的水源林，南侧有糯干水库和古茶林。

◆ 景迈村分隔防护林

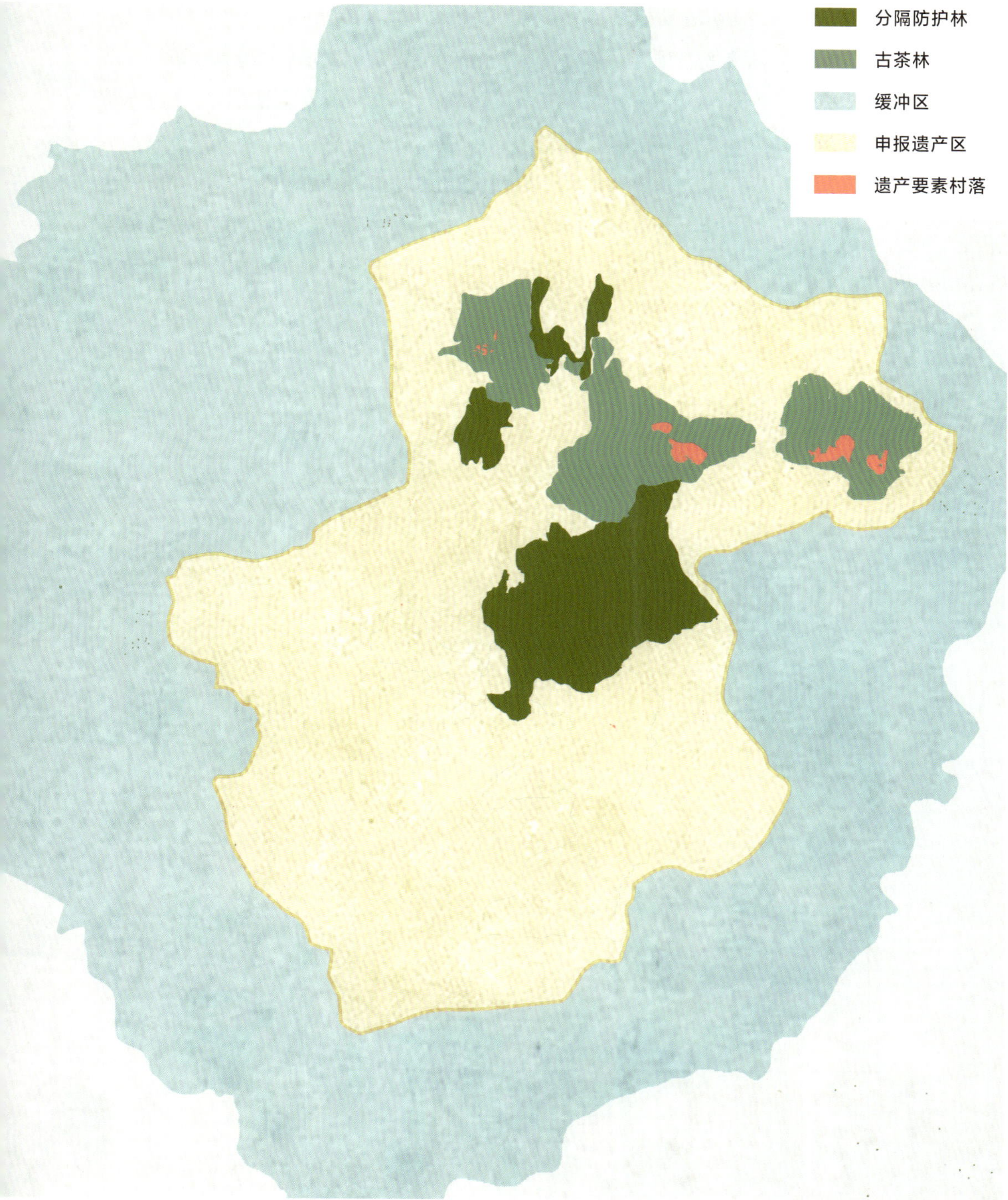

景迈山的自然条件、宗教信仰以及长期以来摸索出来的经验，使得当地居民采用了适宜不同海拔高度的土地利用方式。最高处是神山和森林，村落在海拔1400 米左右，位于云海高度之上，古茶林在村落周围，水田则靠近海拔较低的河谷。

对白象山北麓的景迈村的土地垂直利用剖面显示，海拔1550米以上，土地利用以森林为主，有少量古茶林分布。该区域是当地居民的神山、水源林。海拔1400~1550米是古茶林和村寨的主要分布

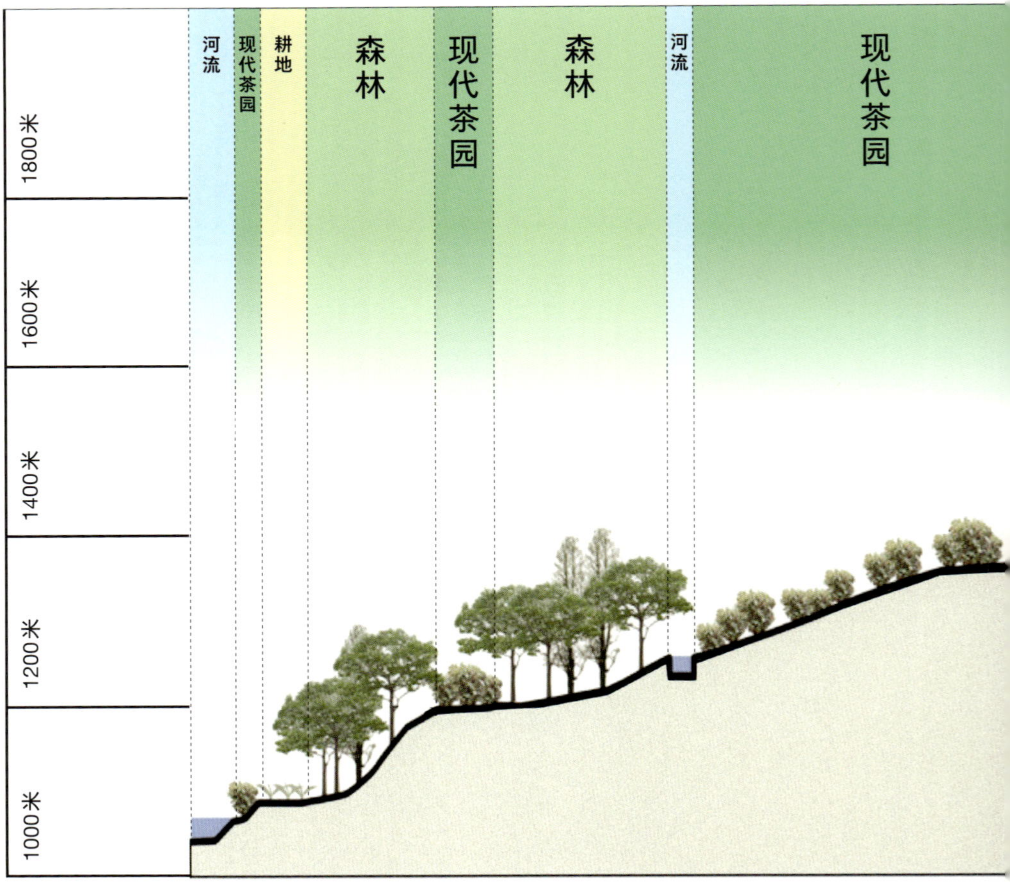

区域，是人们生产生活的主要场所。海拔1200~1400米是古茶林外围的森林和20世纪70年代以后种植的台地茶园的主要分布地。海拔1100~1200米，以未开垦的森林为主。海拔1050~1100米为南朗河河流阶地，以耕地尤其是水田为主，离村寨较远，距离一般在1500米以上。海拔1050米以下为南朗河谷。

景迈山的土地垂直利用方式，充分显示了景迈山村民认识自然、尊重自然、利用自然的生态智慧。

◆ 白象山北麓的土地垂直利用示意图

地处边陲之境的景迈山不仅呈现出“森林一茶林一村落”的特色景观，而且塑造了“林一茶一人”三位一体的生态关系。茶是寨民的日常，也是他们的信仰。他们用欢乐的姿态祭茶神树、摆百家宴，祈求来年安康，风调雨顺。对自然万物的崇拜、对先祖神灵的虔诚在跳舞中、滴水中、诵经中体现……

◆《景迈山素描》呈现了景迈山广阔奇美的边陲风光、虔诚温和的宗教信仰、鲜艳欢快的生产生活景象，这些共同构成了人与茶林和谐共生的美好生活。

《景迈山素描》
摄制：张鑫
监制：左靖
时长：16分
年份：2021年

3. 以茶为题的文化景观

景迈山傣族在漫长的历史生活中，与茶相伴，以茶为生，创造了丰富多彩且极富地域特色的茶文化，包括制茶、饮茶、品茶、用茶，以及茶神祭祀等信仰与习俗。以“和”为核心的茶文化也使景迈傣族与景迈山的其他民族和谐相处、互为影响，对茶林的共同爱护保障了古茶林文化景观的延续。

景迈山傣族尊其祖先召糯腊为茶祖，每年傣族泼水节，傣族村民在宗教头人主持下举行隆重的祭祀仪式，祈求茶祖能够保护古茶林不受自然灾害，来年茶叶有好收成。同时在茶林里设立大茶神和小茶神。古茶林里的大茶神管理着整个景迈山的茶树，小茶神则管理每家每户的小片茶地。村民到茶地里干活，吃饭时都要先给茶神树供奉饭菜，以示尊敬；采摘春茶前，也要先祭祀自家的茶神树。对茶祖的崇拜和祭祀，提升了傣族对古茶林保护的集体认同和行为自觉，不仅规范了他们的行为准则，而且对其价值观产生深远影响。

绘图：姜丽
年份：2021年

景迈傣族使用的饮茶茶具自然古朴。砍一节竹子，把节枝上的竹杈留着做提手，把外层皮光滑地削掉便做成了煨茶用的竹茶罐。煨茶时在竹茶罐里放上茶，盛满水后在火塘中一煮，煮沸后便可饮用，且味道独特。不用时将之高高挂起，方便又卫生。

绘图：姜丽
年份：2021年

自古以来，傣族居民既不用请柬也不用书信，而是把茶做成“年”，当作信物传递。把长到4～5叶的古茶鲜叶采摘回来，蒸熟后切成细丝，放上生姜舂细，再装入竹筒中自然风干，便制成了“年”。寨中集体或个人举办赕佛、节庆活动，或是村民建房、娶亲嫁女时，就会取一点“年”用绿叶包好送到佛寺、召王家或邀请的客人手中，凡接到这份厚重“茶柬”的人，必会应邀前往祝贺或帮忙。

藤茶

◆ 藤茶其实不是茶叶，是另一种植物。其味道甘甜，老人说有清热的功效。

明子茶

◆ 在干茶里加入松明和其他草药后煮着喝，老人说可缓解腹痛、痢疾、便秘等。

糯米香叶茶

◆ 在干茶里加入糯米香叶（一种带糯米香的植物），让茶吸收它的味道。

竹筒茶

◆ 把茶倒入竹筒舂紧，在火上慢慢地烤。等竹筒烤成焦黄，筒里的茶烤干了，就可以剖开竹筒取茶泡饮。

干晒

◆ 采来茶叶，直接在太阳底下晒干就可以泡或煮着喝。

酸茶

◆ 酸茶体现着“吃茶”的遗风。经发酵制作的酸茶，可以泡饮，可以拌上盐、辣椒后当菜，还能配上生姜，可减轻痢疾症状。

◆ 制造工艺：采茶，萎凋，蒸青，装竹筒，埋地，晾晒。

茶神茶

◆ 茶神茶用各家茶神树的茶叶制作。

雀尖茶

◆ 雀尖茶用最嫩的茶芽制作，是非常珍贵的茶。

糊米茶

◆ 糊米茶即把干茶、米及一些草药一起炒煳后泡喝。

绘图：冯芷茵

年份：2017年

青竹茶

◆ 在野外直接用竹筒来煮茶。砍一节竹筒，削尖插进地里。里面加泉水，外面烧柴火，等水沸后就放进茶叶煮。煮好以后用同样以竹筒制作的茶杯喝茶。

坨坨茶

◆ 过去没有专用压饼工具，是用小布袋把茶捏成坨装，所以叫“坨坨茶”。

生吃

◆ 劳作时直接采一把新鲜茶叶，蘸着水、裹着糯米饭生吃。

随着古茶树的栽培，景迈山当地居民将茶树种植作为主要的生产活动，茶叶的功能也由药用发展为食用，形成了以茶当菜吃的茶饮食文化。

摄影：朱锐
年份：2018年
特别鸣谢：仙贡
本次拍摄的茶食由仙贡及景迈人家
茶叶农民专业合作社提供

◆ 此道菜需选用较嫩的茶叶和本地的土鸡蛋一同炒制。

◆ 用较嫩的茶叶裹上淀粉后油炸而成。

◆ 茶叶用豆豉、辣椒、姜、蒜等凉拌。其中豆豉为当地傣族自制。

◆ 山上常用茶叶与肉类同炒，据说可去腥味。

茶叶蘸喃咪

◆“喃咪”为傣语，即汉族所称的蘸水。喃咪品种极多，这道菜即以鲜叶蘸喃咪而食。

茶叶舂干巴

◆“干巴”为云南方言，意为牛肉干或猪肉干。这道菜为茶叶与干巴一同舂碎制成。

位于景迈大寨南部的大平掌古茶林，面积约200公顷，是景迈山上唯一一个位于山顶盆地的古茶林。这里有傣族祭祀的茶神树，还有十余棵古老的茱萸树。每棵茱萸树高度均在 30 米以上，树龄 600 年左右，衬托了茶林悠久的历史。通过宗教仪式选定的小茶神一般是傣族村民自家茶园中较为高大年长的古茶树。茶神一经选定就永久地固定下来，不可随意改变。

◆《波叶落家歌游古茶园》记录了糯干波叶落家赕佛的第一日，主人携带亲友前往大平掌古茶园，游玩自家茶林，祭茶树、唱山歌、跳刀舞的过程。

《波叶落家歌游古茶园》
摄制：张红
监制：左靖
时长：25分
年份：2018年

4. 多元共存的民族遗产

景迈山是多民族、多文化共存共荣的典范。以“和”为核心的景迈山茶文化，强调天和、地和、人和、身和、心和、意和，反映出养生、修性、怡情、尊礼的精神内涵，塑造了当地世居民族平和友善的民族性格，使得在有限的自然资源条件下各民族之间不仅没有发生战争，而且相互帮助，和谐共存。

4.1 村民大合影

何崇岳为景迈村的多个自然村寨拍摄了村民大合影。多年来，他驱车踏遍全国各地，深入乡间，本着人文主义的立场，用镜头捕捉群体记忆。

《景迈大寨大合影》
摄影：何崇岳
年份：2017年

村民影像，即村民自己捕捉的日常生活记录，这一部分展现了景迈村糯干社村民丹依章的视角。

摄影：丹依章
年份：2018年

本单元试图通过人物肖像、风景建筑以及民族物件，展现傣族、哈尼族、汉族、佤族的物质与精神世界。物品作为人的思想与行为的延伸，联结着人的过去和现在，反映出使用者的价值观、审美以及个性。它们见证着不同民族的日常劳作与生活，给我们带来了另一维度的有关景迈村的地方性知识。

景迈村傣族

在傣语中，“景”意为城或寨，“迈”为新，“景迈”即指傣族迁徙而建的新城或新寨。景迈大寨是他们来到景迈山后最早的建寨地，景迈村中的傣族自然村还包括勐本、芒埂、糯干和班改。

◆ 铙钹：南传上座部佛教寺庙祭祀使用的乐器之一。

◆ 铓锣：南传上座部佛教寺庙祭祀使用的乐器之一。

◆ 芭蕉叶茶饼包装：寨民就地取材，把当地的芭蕉叶晒干，用于景迈山普洱茶饼的外包装，便携防潮。

◆ 傣族包包：每逢泼水节，景迈村勐本社的寨民就会背上这种包包去滴水赕佛。

◆ 手织布料：这种布料用于制作傣族包包、衣服和饰品等。

景迈村哈尼族

笼蚌是景迈行政村中唯一的哈尼族村寨，系20世纪初期由南朗河北岸迁来。

- ◆ 研磨器皿：用于研磨食物与草药，已有百年历史。
- ◆ 竹篓：外出捕鱼时使用。
- ◆ 葫芦：可用于制作酒壶或水壶。
- ◆ 农用挎包：用于上山采茶等农活。
- ◆ 节日挎包：用于民族节日等活动。

景迈村汉族

老酒房是景迈村也是景迈山里唯一的汉族自然村寨，因迁徙来此的汉族寨民擅长酿酒而得名。

◆ 铜锅：用于苞谷酒的蒸馏酿制。
◆ 葫芦酒壶：用于储存苞谷酒。
◆ 锅刷：用于清理铜锅等用具。
◆ 竹杯：喝水的竹杯用枝杈作手柄。
◆ 茶杯：用竹筒制作而成，雕刻有简单的茶叶图案。

景迈村佤族

南座是景迈村中唯一的佤族村寨。“南座”为傣语音译，“南”为水，“座”为冬叶，“南座”意为用冬叶包来的水。据村中老人说，19世纪中叶，一个佤族小部落来到景迈山，于丛林中发现了一汪清澈见底的奇特泉水，故而决定定居此地。

◆ 牛铃：由竹子制成，将其悬挂在牛的脖子上，行走时会发出声响。
◆ 弓弩与箭：可用于捕猎小型动物，如野鸡等。
◆ 陀螺：景迈村佤族在民族节日时会一起打陀螺庆祝。
◆ 茶饼：纯手工制茶，压制成饼。

在景迈傣族的生活中，一些重大节庆活动不仅具有宗教仪式，也融入了中华优秀传统文化的善良、爱劳动、尊老爱幼等社会道德，如入雨安居、结夏安居。

入雨安居，也称“入夏节”，意为进入传授佛法的时期，时间从每年7月中旬开始，一直持续到10月。这个阶段，正是农事繁忙的季节。节日开始的前三天，各家各户将准备好的粽子拿到佛寺去献给菩萨、和尚及寨子里的老人，景迈大寨等举行热闹的敬佛仪式活动。入雨安居开始后，为了集中精力从事生产劳动，青年男女不得进行谈情说爱和嫁娶活动，也不能起房建房；和尚不得随便外出；拜佛的人不能远离家庭或到别家去过夜。村民都必须投入繁忙的生产劳动中，安心生产。

结夏安居，也称“出夏节”，时间在每年10月，与入雨安居（入夏节）相对应，源于古代印度佛教雨季安居的习惯。结夏安居象征着三个月以来的雨季已经结束，表示解除入雨安居以来男女间的婚忌，即日起，男女青年可以开始自由恋爱或举行婚礼。其间，青年男女身着盛装去佛寺拜佛，祭拜已故亲人。活动结束后，要在公共场所吃一顿百家宴，庆祝从入雨安居以来的安居斋戒结束。这时，正逢稻谷收割完毕，故结夏安居也是庆祝丰收的节日。

泼水节是傣族最重要的节日（新年），也是布朗族、佤族的共同节日。它来自南传上座部佛教的浴佛节（佛诞日），时间在4月中旬，一般持续 3~7 天。节日期间大家要相互泼水，把身上的邪气、晦气洗掉，还要到佛寺用茶叶等祭祀已故亲人，分享人间的太平和快乐。泼水节的演变和发展，充分展现了傣族人民的水文化、音乐舞蹈文化、饮食文化、服饰文化，蕴含着傣族古老的神灵崇拜和祖先崇拜，表达了傣族人民对平安幸福的期望，对家人和朋友的祝福。

◆《傣族泼水节：景迈的新年》呈现并展示了由南传上座部佛教和傣族习俗双重影响下泼水节的多层文化面貌及其丰富内涵。影片拍摄于著名普洱茶茶山景迈山景迈村，是文化部中国节日影像志项目之一，以现任安章康朗空为线索，呈现傣族新年节的全过程。傣族的泼水节共有三天。第一天叫“送比告”，即“送旧年”；第二天叫“梅脑”，即“空日子”；第三天叫“哈比迈”，即“迎新年”。整个节日由村中寨老有序组织，由安章具体安排。在老安章近40年的带领下，每年的泼水节均是有条不紊、按部就班地重复操作着相同的过程和细节。所以，景迈村傣族的泼水节较为完整地保留了傣族傣历新年的传统民族文化内容。

《傣族泼水节：景迈的新年》
摄制：徐菡
时长：84分
拍摄时间：2015年4月13—17日
完成时间：2018年3月

南传上座部佛教是景迈傣族宗教信仰的一部分，山上的每个傣族村子（芒埂、勐本、糯干和景迈大寨）均设有佛寺。

傣族村寨的佛寺一般建于村中地势较高的台地上，景迈大寨的佛寺也不例外，它位于寨心东侧的高台上，占地面积约 1911平方米，包括老佛殿、塔亭、金塔、新佛殿、柴火房。老佛殿建造时间为 1992 年，塔亭年代据村内老人讲已近百年。村口及佛寺入口附近有 9 棵古树名木，体现了村寨历史的悠久。

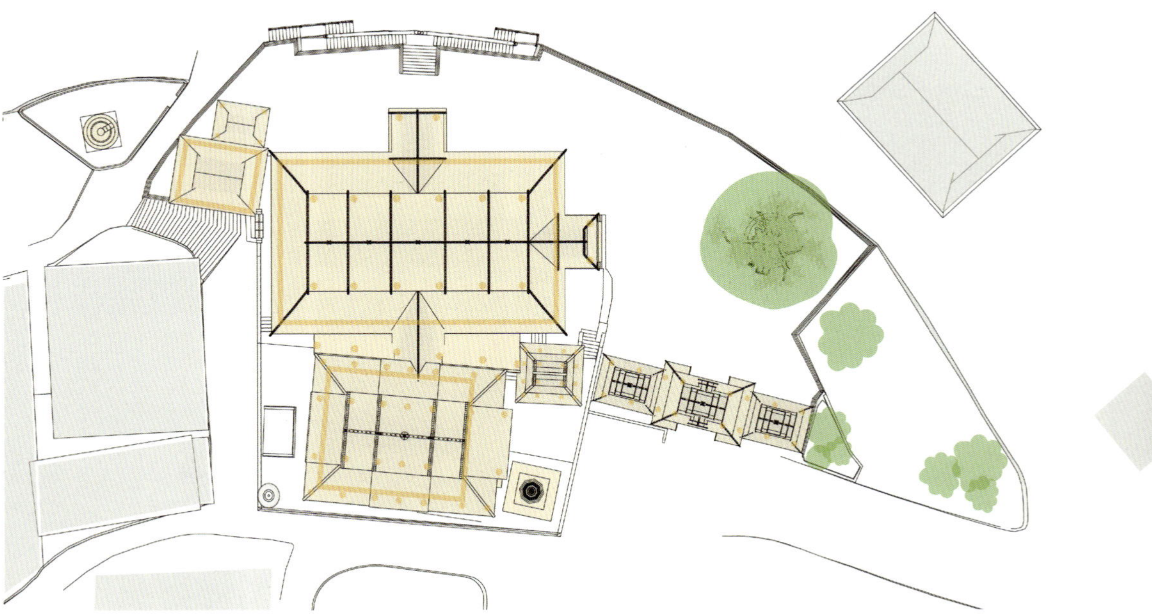

◆ 景迈大寨佛寺平面图

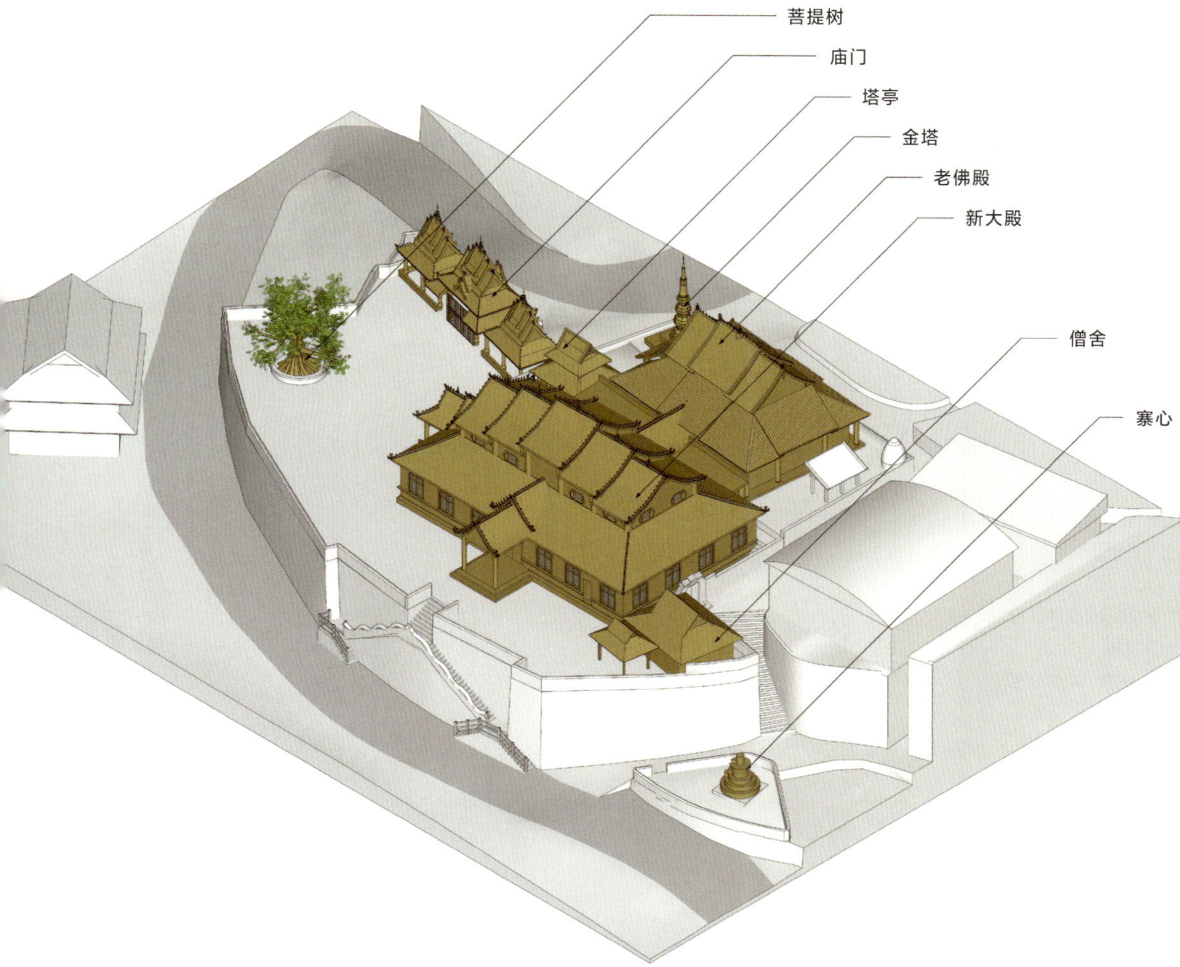

◆ 景迈大寨佛寺建筑

◆ 景迈大寨佛寺建筑高度一览（上图）

◆ 景迈大寨佛寺模型（下图）
比例：1:100
材质：树脂3D打印
测绘：张一成
年份：2021年

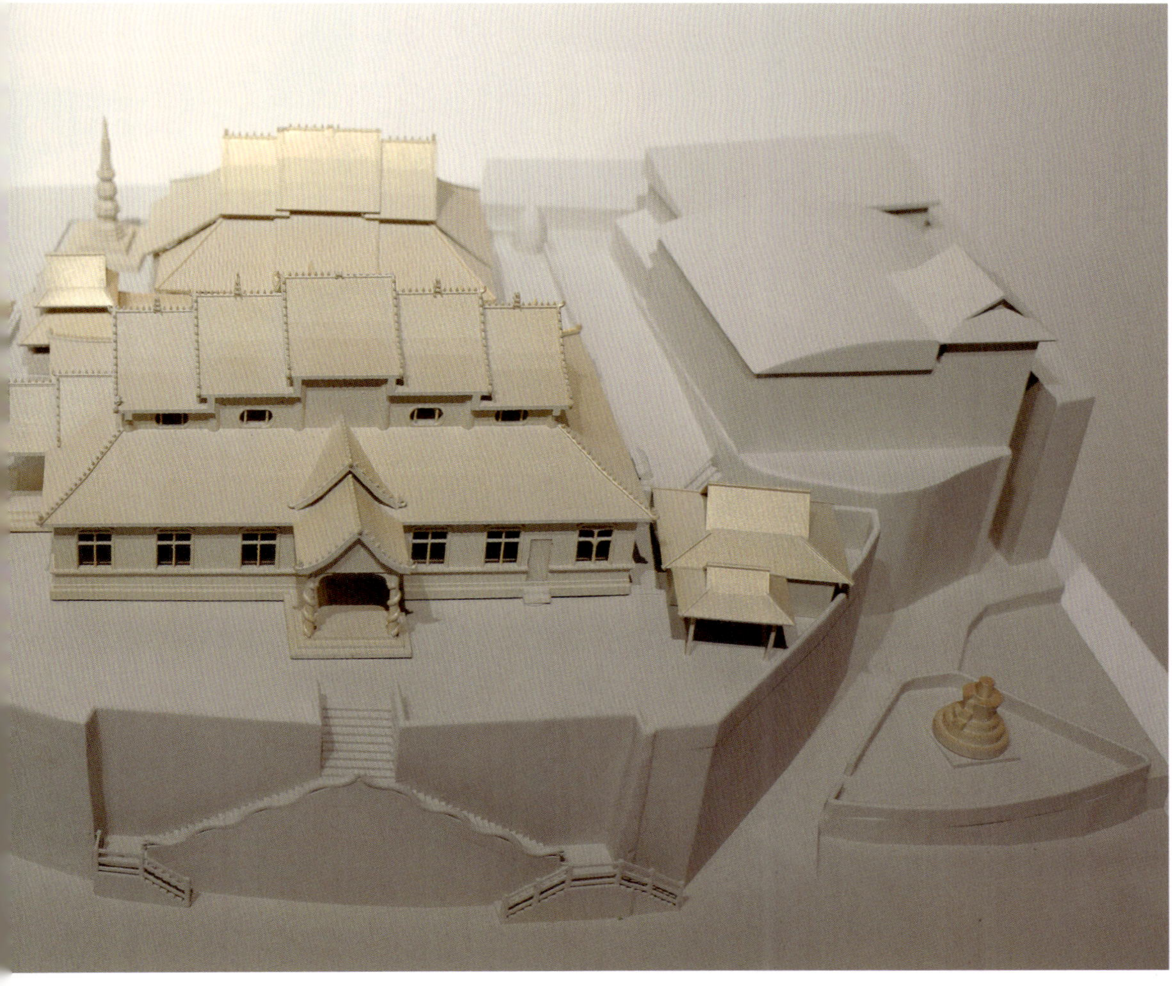

该影片记录了在糯干老寨举行的新娘月保和新郎李春德的婚礼。婚礼前夕，亲友守夜，男女分桌而坐，对唱山歌。新婚仪式上则有“新婚祝福”“抛粑粑”“老人分食食物”“顶鸡肉和糯米饭”“拴白线”“鸡骨卦”等环节。

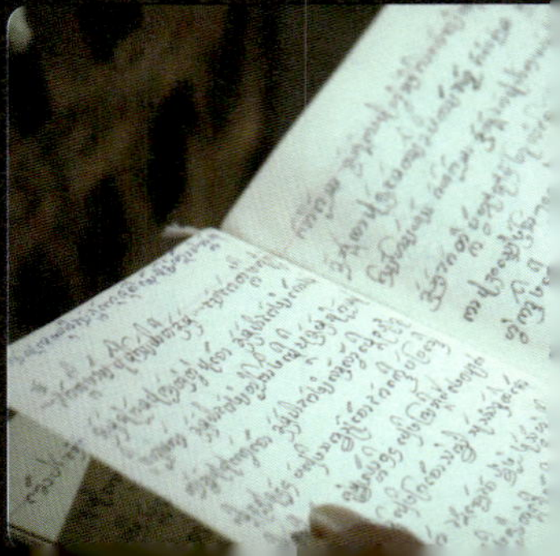

《傣家新婚》
摄制：张红
监制：左靖
时长：21分
年份：2018年

傣医药作为一门民族医学学科，是傣族科学文化的重要组成部分。几千年来，傣族人民在和疾病的斗争中，不断总结经验，收集了上千种草药，积累了丰富的民间药方。傣族称行为高尚的人为“雅”，故称医生为“摩雅”。

傣族医学拥有长达2500年的悠久历史，被列为“四大民族医药”之一。它是一个以生态群落、自然和信仰为基础的美丽学科，其传统理论认为风、火、水、土是构成自然界物质的四种基本元素，即“四塔”，人体生命的构成与之有着不可分割的联系。

《摩雅的世界》试图探索这一精神疗法，主要关注景迈山中可食用与可药用的草药，发掘并利用这些傣药的特性。

《摩雅的世界》
沉浸式体验装置
艺术家：Jean-Charles Penot
数字艺术：陈湛 RK
本地调研：岩砍
研究团队：翁洼雨林探索
制作团队：Hybrid Studio
年份：2021年

《摩雅的世界》
沉浸式体验装置
艺术家：Jean-Charles Penot
数字艺术：陈湛 RK
本地调研：岩砍
研究团队：翁洼雨林探索
制作团队：Hybrid Studio
年份：2021年

《摩雅的世界》
沉浸式体验装置
艺术家：Jean-Charles Penot
数字艺术：陈湛 RK
本地调研：岩砍
研究团队：翁洼雨林探索
制作团队：Hybrid Studio
年份：2021年

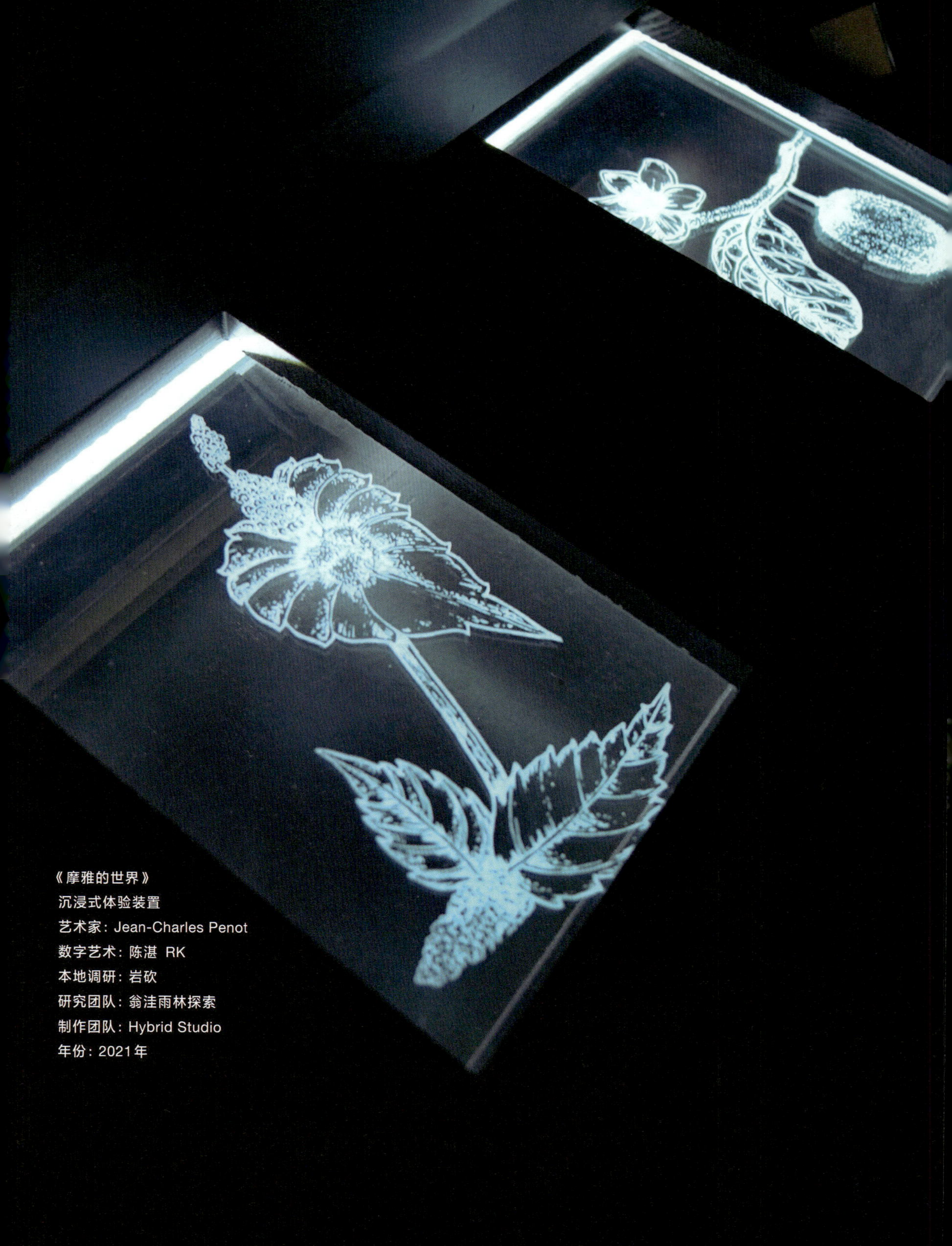

《摩雅的世界》
沉浸式体验装置
艺术家：Jean-Charles Penot
数字艺术：陈湛 RK
本地调研：岩砍
研究团队：翁洼雨林探索
制作团队：Hybrid Studio
年份：2021年

六

特展

Special Exhibition

他者的目光

有赖于茶产业的发展，景迈山并没有成为一个缅怀过去的标本，而是在持续演进、生长。除了展示景迈山的核心遗产价值之外，我们还数次邀请艺术工作者上山创作。这些被习惯性称为“他者凝视”的作品与前几章中的“乡土教材”形成了一种微妙的对照。

2018年，摄影师骆丹受邀来到景迈山的多个村寨拍摄肖像。景迈山人茶香氤氲的物质与精神文化世界，在他的湿版火棉胶摄影中得以转译再现。同年，旅法摄影师曾年从对法国香槟农的拍摄，转向对云南茶农的观察与创作。在他的镜头下，肢体表情、服装物件等看似细微的信息，是他走进一段人生故事的起点。他对每位景迈山茶农的初识印象，亦是由这些细节拼凑而成的。

2021年年初，随着展陈工作的再度启动，我们又邀请了拥有生物学背景的李朝晖和木刻艺术家刘庆元来到景迈山。食物是土地的延续，关乎生命的存续，更关联着人精神层面的安全感和幸福感，李朝晖选择以“食物链”的眼光考察此地的自然与人文，通过采访与摄影，讲述了景迈山上“什么养成了我们”的故事。刘庆元则为山上的五个民族绘刻肖像。在他的肖像作品中，寨民们身着民族特色服饰，大方地向外来者展示自我。与此同时，他们也可通过他者的注目，与自己骄傲对视，展望遗产的未来。

天遥地远的景迈山，曾用一条逶迤古道连接内陆与远方，如今更是向全世界敞开，越来越多的“他者”开始介入景迈山的表述与传播。“他者的目光”包含着外来者的感知与评判，这种外来的建构亦能成为本地寨民重新认识自我、回溯历史、明确方向的契机。它无意成为寻常意义的图说，而是一种凝视景迈的角度，一种关于地方的想象。

《景迈山上的人们》

刘庆元

《景迈山上的人们》
刘庆元 × huangyangdesign
木刻
2021年

“为社会而给诸众木刻”是刘庆元木刻行动的出发点。乡村是木刻天然的发生场域。2021年年初，刘庆元来到景迈山，为共居于此的五个民族——汉族、傣族、布朗族、佤族、哈尼族刻像。设计与艺术的结合，使这些刻像由黑白而被赋予色彩。拼接与重叠，又使得它们由个体而群像，传达出民族团结的意蕴和一股与广袤茶山互相观照的蓬勃力量。

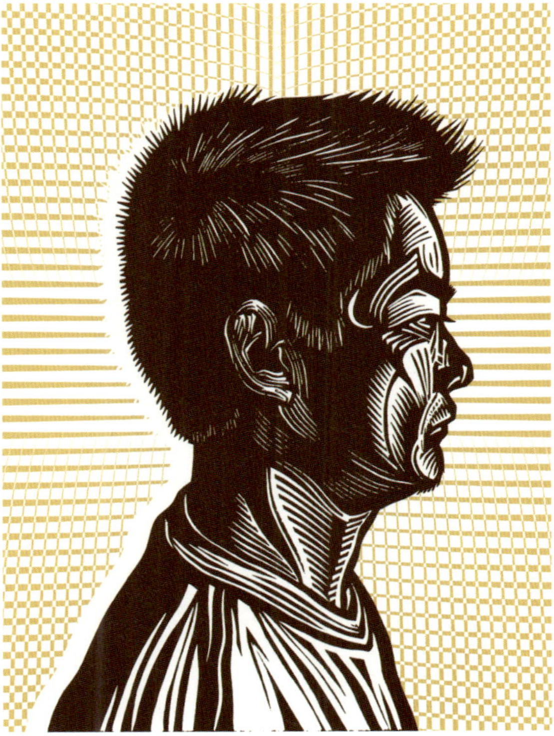

《茶农》

曾年

《茶农》
曾年
摄影
2019年

在曾年的观察中，眼神、表情、肢体、服装等细枝末节的状态和信息，是各个人物与故事的起点。在冷静而细腻的视角里，看似平常的细节释放出静默的力量。他为景迈山茶农们创作的每幅人像皆由50多张照片组成，且其中的每张照片都曾有其独立的焦点和曝光，通过对生活环境与生命经历的多次寻迹与聚焦，他拼贴出对这些寨民的初识印象。

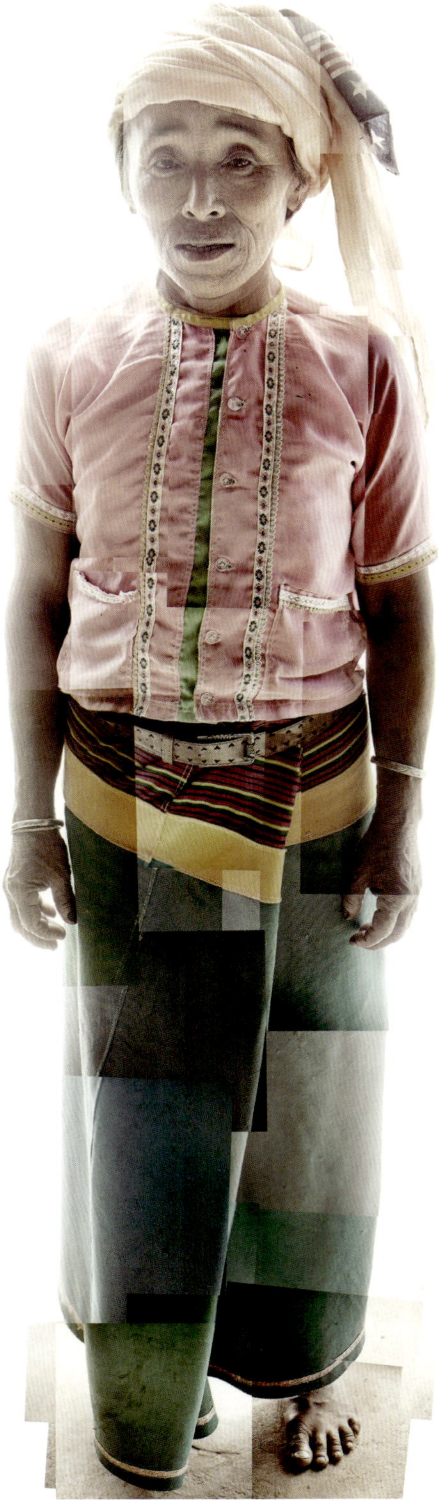

◆ 布朗玉朵妇人照摄于2018年深秋，于云南景迈山上芒景村。摄影师曾于妇人家木屋就餐一周。虽然语言不通，但她的热情与食物之美味令人不忘。妇人60岁。2019年年初首次制作该图

曾年为茶灵文化艺术中心拍摄

◆ 布朗老人药选照摄于2018年深秋，于云南景迈山上芒景村其自家茶园内。布朗人信奉南传上座部佛教，崇拜祖先，相信万物有灵。药选86岁，年轻时曾入佛寺为僧。
2019年年初首次制作该图

曾年为茶灵文化艺术中心拍摄

◆ 布朗小伙岩元照摄于2018年深秋，于云南景迈山上芒景村其自家茶园。岩元22岁，管理经营两公顷生态茶园和0.467公顷古树茶园。布朗先人有遗训：“留下牛马金银皆有尽，唯独茶树将世代相传。”
2019年年初首次制作该图

曾年为茶灵文化艺术中心拍摄

◆ 2018年深秋，摄布朗朋友岩荣照于云南普洱景迈山上芒景村其自家庭院。岩荣35岁，专心茶叶生产，勤劳诚信之至(左)。
2019年年初首次制作该图

曾年为茶灵文化艺术中心拍摄

◆ 2018年深秋，摄布朗尔洪女士于云南普洱景迈山上芒景村其自家庭院。尔洪30岁，贤良淑慧，与其夫岩荣育有一儿一女，幸福美满(中)。
2019年年初首次制作该图

曾年为茶灵文化艺术中心拍摄

◆ 布朗妇人歪南照摄于2018年深秋，于云南景迈山上芒洪古茶园。歪南45岁(右)。
2019年年初首次制作该图

曾年为茶灵文化艺术中心拍摄

《茶魂树》
曾年
摄影
2019年

◆2018年深秋摄云南普洱景迈山上芒景村岩容家阿百阑古茶树。民间相传树龄为1800年的“阿百阑”译成汉语即为“茶魂树”，每年清明前后为人祭拜。
2019年年初制图

曾年为茶灵文化艺术中心拍摄

二零一八年深秋攝雲南普洱景邁山上芒景村巖容家阿佰闌古茶樹民間相傳樹齡為一千八百年阿佰闌譯成漢語既為茶魂樹每年清明前後為人祭拜

《什么养成了我们》

李朝晖

《什么养成了我们》
李朝晖
摄影
2021年

“食物链”是一个生物学专业用语，指在生态系统内，各种生物之间由于食物而形成的一种联系。作者李朝晖拍摄了景迈山人用于食用的200多个物种的肖像，并拍摄了傣族、布朗族、哈尼族和佤族的男、女性各一人的全身站姿肖像。随后，他请被拍摄的每个人分别挑选出他们常吃的和喜欢吃的食物，最后用他们选出的这些食物的肖像，加上生物学标签，拼出他们各自的“食物物种图”和人物拼像。

◆《哈尼族男性（李新明，笼蚌）》

◆《哈尼族女性（钟小英，笼蚌）》

◆《哈尼族男性食物拼像（李新明，笼蚌）》

◆《哈尼族女性食物拼像（钟小英，笼蚌）》

◆《傣族食物（岩昆，勐本）》

◆《傣族食物(张福英，勐本)》

◆《佤族食物（陈小华，南座）》

◆《佤族食物（郭小英，南座）》

◆《布朗族男性（艾苏，芒景）》

◆《布朗族女性（而洪，芒景）》

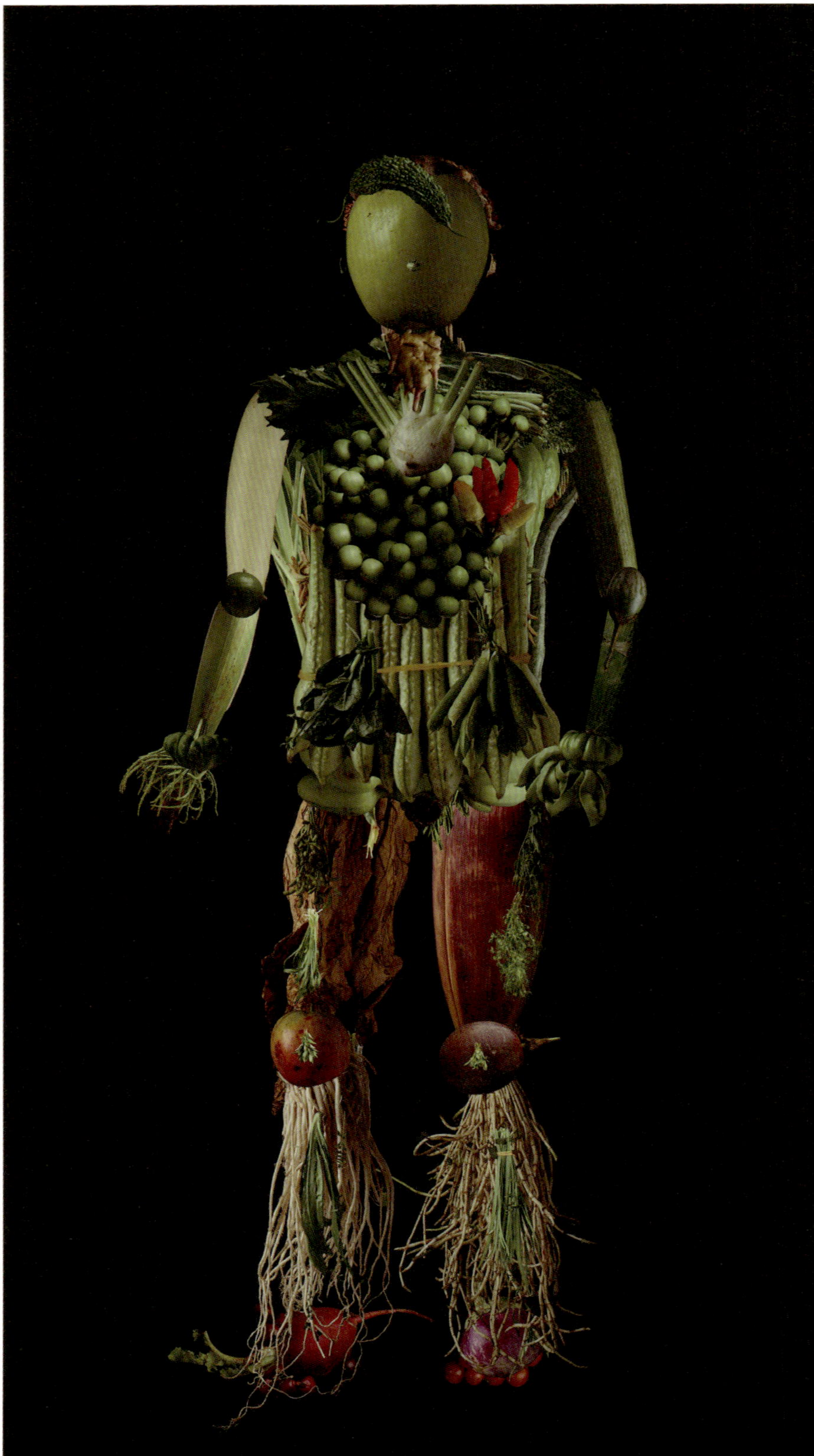

◆《布朗族男性食物拼像（艾苏，芒景）》

◆《布朗族女性食物拼像（而洪，芒景）》

《景迈》

骆丹

《景迈》
骆丹
摄影
2018年

景迈山，位于中国云南省普洱市澜沧拉祜族自治县，距缅甸不过两小时车程，是中国版图中的“极边之地”。千百年来，景迈山的先人在原始森林中留下了600余公顷的古茶林，古茶树与原始森林混生，拥有独特的兰花香和山野气韵。生活在此的汉族、布朗族、傣族、哈尼族、佤族世代以茶为生，在时间的长河中，他们的信仰、建筑、饮食、手艺都形成了一整套与自然共生共处的智慧，并看似漫不经心地融入他们的日常生活中。

◆《景迈之一，云秀和儿子叁飞，翁基村》

◆《景迈之二，南门河边的一家人，那乃村》

◆《景迈之三，祖孙四人，南座村》

◆《景迈之四，南座村的郭云妹》

◆《景迈之五，抱篾条的李自永，笼蚌村》

◆《景迈之六，滝芳和她的侄女何琼珍，翁基村》

◆《景迈之七，古茶树林中的玉呢》

◆《景迈之八，炒茶师傅艾华，翁基村》

◆《景迈之九，佛教僧侣岩砍苏，景迈村》

◆《景迈之十，翁基村的月洋》

附录

Appendix

艺术参与地方营造：在景迈山翁基村的乡建

王美钦

纽约州立宾汉顿大学艺术史博士，现为加州州立大学北岭分校（California State University, Northridge）艺术系教授，侧重于对中国当代艺术的研究和书写，近年来主要研究社会参与式艺术及其相关课题，如公共艺术、行动主义艺术和生态艺术。代表性著作有专著《城市化与中国当代艺术》（*Urbanization and Contemporary Chinese Art*，2016）、《当代中国社会参与式艺术》（*Socially Engaged Art in Contemporary China*，2019）；编著《东亚社会参与式公共艺术》（*Socially Engaged Public Art in East Asia*，2022）；合著《中国当代视觉艺术：表现与介入》（*Visual Arts, Representations and Interventions in Contemporary China*，2018）。

1.地方营造和艺术乡建

“地方营造”（place-making）是近年经常出现在中国城市规划和乡村建设业界的一个词，也被翻译成“地方创生”“场所营造”或“社区营造”，基本上是指对一个具体地方（某个城市、社区、乡镇或村落）进行考察和评估并制定相应方案来改善当地生活环境和提高居民生活质量的一种综合性的在地建设活动。“地方”在这里不仅仅指向有形可见的具体地理位置、当地居民的物理生活空间、他们的经济方式和生产形态，也包括相对抽象的但又与人们日常生活休戚相关的社会空间和精神文化空间。因而，它考察的范围通常包括该地方的人文和地理环境、社会经济、历史、文化、审美等多方面的资源，并由此制定一个能最大限度上展示和提升该地方本身所具有的特色和魅力的建设或改造方案，再通过美学表达、社区认同感和文化归属感、人造环境和自然环境的协调、宜居性和可持续性等方面体现出来。

地方营造最初是一个用于城市规划和管理的概念，它可追溯到20世纪六七十年代的美国，由学者简·雅各布斯（Jane Jacobs）和威廉姆·怀特（William Whyte）等提出。他们挑战当时美国主流的城市规划理论，批判因为追求整齐标准、分工明确的蓝图式理想城市而把完整复杂的城市和社区粗暴地分割为机械化的功能单一集中的分段或碎片式区域的做法。他们认为当时众多的城市改造工程忽略了生活于其中的居民们的实际需要而使城市显得越来越非人性化，失去了原先让城市富有吸引力、充满活力的多样性。他们强调城市规划应该以人为本、以为人们的日常生活提供便利和创造意义为工作重心，而不仅仅是为汽车和购物中心服务。为提高城市的宜居性，他们提倡发展富有生机的社区和街道并创建让所有人都欢迎的小型公共场所，如街头巷尾的小广场和小公园等可以让人们随时停下来休息、交流或娱乐的公共空间。他们的地方营造理念是通过多方位地对公共空间进行规划、设计和管理，来提高居民的生活质量。在其中，美学与建筑和景观设计融为一体，从而带来对城市总体环境的改善。自那以后，许多西方城市管理层都开始通过扶持公共空间项目来改善城市环境，并为这种项目建立制度和财政上的保障。地方营造作为一种理念和实践也因此得到不断的发展和推广。自21世纪以来，地方营造作为一种理念不但在世界范围内被城市规划者和乡村建设者广为实践，也涉及越来越多的专业领域，如地理、经济、公共政策、艺术、社会学、人类学、心理学、建筑、技术和营销等，成为一个国际性的跨学科、跨行业和跨文化的学术研究领域。

在当代艺术界，地方营造也成为社会参与式艺术的一个重要部分。远在欧美各国，近在周边的日本和中国台湾地区，都有富有跨学科合作精神和社会参与意识的艺术家、策展人与评论家们在城区或乡间通过艺术和文化的手段进行地方营造活动。他们把艺术创作、展览或批评的实践与改善具体社区的公共文化空间和当地居民的生活质量相联系，旨在通过地方营造来实现艺术与社会的直接互动，让艺术能够参与社区规划和建设，介入对如何提高特定地区生态环境和生活质量的思考，并为社区建设或改造方案的决策者提供另类思维和经验，以扩展他们对此类实践的认知，增强对其的把握能力。艺术参与地方营造也让艺术不再是高高在上的，与非艺术工作人员不怎么相干的，只对一个小圈子里的专业人员有意义的东西。它可以非常接地气，能以灵活多样的形式融入普通人的实际生活，重新成为日常空间的一部分，不再与生活人为分离。可以说，这是很多从事社会参与式艺术实践者的一个共同追求。

在过去的十来年，地方营造的理念不但在中国新一轮的城市化进程中得到广泛的实践与推广，也逐渐被运用到由政府带动的方兴未艾的中国乡村建设中去。先有“美丽乡村”建设运动，接着兴起“特色小镇”建设风潮，最近又有“乡村振兴”战略出台，为改善中国广大乡村的面貌、调整农业地区的经济结构和提高农村居民的生活水平提供新一轮的政策和财政支持。所有这些自然而然地在全国掀起一阵阵的乡村建设热潮，这个热潮刚好与近年来升温的文化旅游业相遇，最有代表的显然是2018年年初中国文化部与国家旅游局这两个国务院机构合并后组成的中华人民共和国文化和旅游部。在这个背景下，通过艺术和文化活动进行乡村建设在中国似乎也从原先的带有强烈实验性的、由个别当代艺术家和策展人发起的社会参与式艺术实践发展为一场新的跨学科的社会运动，不但有政府大力推动，也受到越来越多的主流媒体关注并成为学术界的一个热议话题。在《碧山》杂志第10期的“艺术介入社会”创栏语里，作者提到当代中国艺术实践正在发生着一种极富当代性和启发意义的可称为“艺术介入社会”的转型。在全国各地乡村和乡镇出现的由艺术工作人员发动或参与的各种艺术乡建项目正是典型代表。也就是说，艺术参与地方营造已经成为很重要的乡建方式。这其中，艺术策展人和乡建活动家左靖多年的乡建工作显示地方营造作为一种社会参与式艺术能够为中国部分乡村地区的复兴和可持续发展提供富有参考价值的思考，探索并积累诸多有益的经验。

自2011年起，左靖组织一批从事文化艺术的专业人员，包括策展人、艺术家、建筑师、设计师和研究者等，先后在安徽黟县碧山村、贵州黎平县茅贡镇和云南澜沧拉祜族自治县景迈山地区进行艺术乡建项目。他与多种专业背景的人士合作，通过对乡村古建筑的改造、活化利用和对民间工艺、传统习俗的深入系统研究，以展览、出版、艺术节和工作坊等形式吸引更多的人来了解、关注、讨论在中国渐被忽略的农耕文明的历史成就和广大乡村近30年来的现实困境，并参与到复兴乡村公共文化生活和提升村民物质与精神生活的乡村建设事业中来。在修复中国屡遭破坏的农业社会、增进农村与城市之间的互动以缓和两者之间日益扩大的差距这个大使命的前提下，左靖采取的是从小范围开始，从一个村、一个镇的地方营造项目开始，从当地的实际情况出发，在行动中积累经验、总结教训并发展相应的乡建理念。

2."景迈山计划"和翁基村的地方营造

"景迈山计划"是左靖继安徽的"碧山乡建"和贵州的"茅贡计划"之后带队进行的又一个乡村建设项目。景迈山是云南省普洱市澜沧拉祜族自治县惠民镇的一个山区。据研究者说，这里拥有着世界上年代最久、面积最大的人工栽培型古茶林，可上溯千年或更久远。在这里，汉族、傣族、布朗族、佤族、哈尼族世世代代傍山而居，沿着山势建立了一个个村寨。他们与茶树为邻，以务农为生，共同创造了富有地方特色和民族风情的文化传统和生活习俗。在过去交通不便、资讯不发达的年代，他们过着自成一体、基本上是与外面世界隔绝的、相对贫穷的生活。这些年因为旅游业在中国的迅速发展，特别是自2012年景迈山入选《中国世界文化遗产预备名单》后，这个地区才逐渐为外界所知。景迈山因其未受到由大资本入侵带来的大规模破坏而得以保留的、比较纯粹的自然生态和人文环境，而受到越来越多旅游者的青睐。与此同时，它的千年古茶树林也开始为茶业界所知，该地出产的茶叶很快成为畅销品，价格以很快的速度上升。在每年春秋时节的茶叶旺季，这里可以说是游客和茶商络绎不绝，为当地村民带来很多新的信息和商机。这些新发展为当地的经济注入活力，很多村民通过销售茶叶或从事与旅游相关的行业而迅速脱贫致富。原先，这里家家户户都做茶、饮茶并以农耕为主。现在，很多的家庭开始经商，开茶店或开客栈招待游客。

景迈山地区农民家庭收入的增长和与外界的频繁交往也带来了生活方式的巨大改变及对居住空间的新要求。其中，最为明显的就是富有地方特色的传统木构民居渐被遍布中国乡镇的毫无特色的钢筋混凝土或砖墙楼房建筑取代，因为后者在农村是被广为接受的一种富裕象征。很多村民或拆掉老房子盖起以砖块和混凝土为主的楼房，或离开原来的村子在周边山上盖起更高更大的新房，他们留在村子里的老房子也因无人居住而失修破落，原先富有当地特色的村寨民居和历史悠久的村落布局正在逐渐消失。景迈山地区得以入选《中国世界文化遗产预备名单》是因为它的古茶林、古村落、古建筑和富有民族特色的人文生态。让人遗憾的是，近年来当地经济的迅速发展却带来了对这些民居遗产的破坏，曾被人们引以为豪的人文生态正受到威胁。这其中有个显见的矛盾。因当地人文生态入选而被外界所知带来的信息交流和商业机会，促进了当地的经济发展，经济发展让村民变得富裕并开始建造与外面一样的楼房。这种随处可见的楼房就是对当地原先居住环境的独特性的一种消解。从建筑美学和空间规划的角度上看，它们使很多古村落变得混杂无序，失去审美上的优势，渐渐变得和外面很多普通的村庄一样。

为寻找解决方案，政府成立了景迈山古茶林保护管理局。这个管理局要保护的当然不仅仅是古茶林，更是当地的人居环境和文化生态。在过去的几年里，管理局通过与外面的专家团队合作的方式来引进新的理念，以期建立一种既能保护当地独特的民居遗产又能满足村民改善住房条件需求的发展模式，并尽最大可能地强化景迈山自身的地方优势，提高它作为一个文化旅游景点的吸引力。富有多年乡村建设经验的左靖是管理局邀请到景迈山为当地发展献策出力的专家之一。管理局的局长曾在2016年带队去访问左靖在贵州的“茅贡计划”，并参观该计划的一个阶段性成果展示：由该乡镇废弃的旧粮库改造而成的茅贡粮库艺术中心的开幕展览。在实施“茅贡计划”的过程中，左靖正式提出他的艺术乡建三部曲理论：空间生产、文化生产和产品生产。空间生产指的是创造具有当代文化交流功能的新的公共空间，通常由改造旧的或废弃不用的建筑并赋予它们崭新的功能来实现，落实在“茅贡计划”中就是对旧粮库的改造，使它成为一个展示艺术和文化活动的空间，也就是生产新的空间的过程；文化生产就是由艺术家、建筑师和设计师等围绕当地民风民情而创造的各类作品或研究成果，最早的一批文化生产成果主要以视觉形式得以展示在新开放的茅贡粮库艺术中心；产品生产指的是利用当地物质和文化资源设计生产出来可供销售的产品，比如有机食品、环保布料和手工编织等。虽然开幕展所展示的成果主要是由左靖请来的专业人员或独立完成或与当地村民合作完成，这个计划的最终理想是希望创造机会引导村民成为乡建的主体，以多种方式参与改造和发展他们社区的活动，从而获得精神文化和经济上的回报。

显而易见的是，景迈山古茶林保护管理局对左靖的乡建理念和在茅贡粮库艺术中心展示的阶段性成果很是欣赏。随后，左靖就受到管理局的邀请到景迈山地区实地考察，并接受后者的委托承担了景迈山申遗项目中的一个子项目，即为该地区多个村落进行田野调查、展陈出版、空间利用与产业转型升级研究等工作。从2016年年底起，左靖带领包括他在内的一个由策展人、艺术家、建筑师、摄影师、导演、设计师等专业人员组成的团队开始了“景迈山计划”。他们通过田野考察来了解该地区的人文与自然生态、村落布局和居住空间、节庆风俗和日常生活，以及当地的经济模式等。他们也像社会学家一样对景迈山上15个传统村落进行具体的调查和统计，并用绘画、摄影和影像等方式记录当地的民风民俗民艺和宗教信仰。在进行实际的地方营造时，他们选择了翁基村作为工作的起点。翁基村是隶属于惠民镇芒景村的一个自然村，是布朗民族的世代集居地之一，虽因嫁娶而有所变动，但目前人口还是以布朗族为主，共有89户人家300多人口。与周围风貌渐失的古村落相比，该村是因传统村落布局和民居风格受到较少破坏而保持得最为完整的村寨。

到目前为止，“景迈山计划”是个与当地政府合作的项目，由管理局负责与当地村民的交流协调，左靖的团队负责设计方案并在地实施。在翁基村的建筑空间改造方案中，他们计划翻新分散在这个古村的6栋传统干栏式木结构民居，在保持其原有结构并增强其美学特色的同时，将它们改造为具有当代性的公共或半公共空间，以达到保护和活用当地传统建筑的目的。至2017年年末，他们共改造了4栋房子，其中一栋被命名为翁基小展馆，成为展览当地文化和习俗的场地，还有一栋作为乡村工作站，另外两栋成为民宿用来接待访客。这些新改造过的房屋自然而然地成为“景迈山计划”在建筑设计、室内改造、空间利用的成果，是保护式改造的案例展示。据左靖说，他的团队在传统干栏式建筑的保暖、防水、防鼠、采光、隔音和卫生间的配置等方面进行了一些有益的探索，在保持并强化富有当地特色的建筑美感的同时，使里面的空间和设备更符合现代人的实际需求，以期能为村民在改造他们的房子时提供参考。在左靖的构想中，“景迈山计划”整体上以文化梳理为基础，以内容生产为核心，以服务当地为目的，它将是一个延伸到多个村庄的多年项目，虽然目前的改造和展示工作主要集中在翁基。

3.营造地方的“文化自觉”

经过大概一年的工作，左靖于2017年10月策划了“今日翁基”展览，在新完工的翁基小展馆呈现正在进行的“景迈山计划”进展和阶段性成果。该展览展示了左靖团队围绕翁基的生态环境和村民们生活状态展开的研究成果，以及受邀艺术家们以该地区的人、物、事为主题创作的艺术作品。左靖将“今日翁基”定位为一个“乡土教材式”的展览，即对地方性知识的一个通俗的视听再现，他希望通过展陈让村民，尤其是孩子们能拥有新的视角，去重新了解自己村寨的历史、文化，从而实现教育的功能。这个展览因而将当地村民视为主要潜在受众，通过文字、手绘插图、视频、照片、模型以及实际的建筑和室内设计（通过展馆本身和其他改造过的房子体现），为村民提供新的视角、空间和方式来观看和体验经由外来文化艺术工作人员阐释过的当地人们的生活、工作和休闲。由于茶叶是当地最主要的经济来源，对制茶工艺和茶林的介绍也是展览内容的重点。据了解，该展览很受当地村民的欢迎，特别是那些以他们的民族文化为主题或介绍村民的生产方式和当地节庆礼仪的作品，很多人反复到展厅观看，也会带亲戚朋友来看。有些村民甚至希望能在自己的家里或者店里用上关于茶叶生产和民族文化的手绘和视频，以便与来访的客人交流。村民的这些反馈应该可以视作他们对左靖团队在当地工作的认可。“今日翁基”展览的另一潜在受众为外来游客，因而展览的内容和展览空间本身也可被视为当地的一项新的文化旅游资源。与左靖在其他地区的乡村建设项目一样，他也积极地将有关景迈山的物质和非物质文化及其团队的工作成果介绍给外面的世界，特别是城市文化圈，以促进对艺术乡建这种地方营造实践的交流和讨论 。比如在2018年6月，“景迈山计划”

参加了深圳华·美术馆举办的大型展览“另一种设计”，以绘本、摄影、视频、装置、图解、实物等形式，介绍了景迈山的风土人情并展示团队在景迈山进行建筑设计、室内改造、空间利用与产业转型研究以及艺术创作的进程或成果。

翁基的地方营造仍可以用左靖之前提出的艺术乡建三部曲理论来解读。对那些旧民居的改造为村子创造了以前所不存在的、以后可以使用的新的公共空间，这是一种空间生产。其中，翁基小展馆和乡村工作站又可承担展示和扶持文化生产与产品生产的功能。同时，整个团队和相关艺术家自2016年起对翁基以及景迈山地区进行考察、研究和创作就是在进行文化生产，其成果得以在这些新改造的空间里展示传播。这些新的空间和文化产品很有可能提醒、启发并加强当地村民对本地区自然条件、文化习俗和生活环境的综合认知。由于文化生产是以对这个地区的全方位了解为基础的，它自然也在为今后的产品生产准备条件。

更为重要的是，以“景迈山计划”的名义开展的这些建设工作在很大程度上有助于营造培养当地村民的“文化自觉”。什么是文化自觉？费孝通先生指出，文化自觉是指生活在一定文化中的人对其文化有“自知之明”，明白它的来历、形成过程、所具的特色和它发展的趋向。有了文化自觉才能加强对文化转型的自主能力，取得决定适应新环境、新时代文化选择的自主地位。虽然费孝通是针对中国文化与世界其他国家的文化，特别是西方文化的关系而提出这个概念的，但是它对中国的广大乡村如何在以城镇化和市场化为主导的大环境中寻求合适的发展道路有重要的启发意义。对乡村建设来说，在目前这个信息时代，不受外来影响、不与外界交流并不是最明智的选择，不让村民们发展也是不可能的，特别是景迈山地区与外界的交流已经日增频繁。但是，没有文化自觉就会造成被动的改变或“被发展”，盲目并表面化地跟随（往往是以一种过时的状态跟随）所谓比较发达地区人们的生活方式和文化思潮而无视自身传统的优势，这样的消极影响在景迈山很多村寨里已是随处可见。而有文化自觉的人们不会轻易排斥本地的传统，当然也不会盲目跟随潮流，相反地，他们会更理性地、有比较地选择适合自身发展的道路，从而获得“决定适应新环境、新时代文化选择的自主地位”。因此，吉首大学历史与文化学院院长、研究中国台湾地区社区营造活动的学者罗康隆就认为在乡建运动中重视培养社区的文化自觉能够提升乡村发展的品质。

可以相信，避免景迈山的古村落在以经济发展为中心的现代化浪潮中失去它本色的途径之一就是培养村民的地方文化自觉和认同感。当人们对自己的人文环境和生活方式有一种自觉的认同感时，就会引发自豪感并产生保护它的动力，因为现实状况需要对村寨进行改造时，考虑也会比较谨慎，也更有可能发展出可持续发展的建设和改造模式。而左靖和他的团队所做的工作就是把该地区村民的民生民情、日常社会关系和精神需求，也就是在无数岁月的积累下形成的人与人之间、人与物之间、人与周边自然环境之间的关系加以整理、研究、表达和展示，在视觉、具体物理空间和社会心理各层面上加深村民对本地区的人文和地理环境、社会经济、历史、文化、美学等多方面的资源的认知。这种认知的积累自然会提高他们的文化自觉，并增强他们的社区认同感和文化归属感。村民对“今日翁基”展览反应热烈或许就是这个原因。正如一位研究者所发现的那样，以提高文化自觉为重要目标的地方营造不但可以创造出独具地方魅力的文化特色，也将有助于当地经济的发展，从而达到一个地区综合发展的目的。

虽然目前翁基村村民对“景迈山计划”的主动参与还很有限，但是也许在不久的将来他们会有更大的能动性并积累相应的经验来参与管理这些新的公共空间，创造可以展示其中的新内容和新产品，成为保护他们民族特色文化和激活社区公共生活的主要力量。这种设想也不是毫无根据的。据左靖团队的调研，翁基村和它所从属的景迈村与中国其他省市的很多空心村不同。这些年因受益于茶产品价格的持续上涨，当地村民就在家中从事与茶相关的生意，也有较快的家庭收入增长，因此没有人口流出。相反，不断有外面的人才被吸引进来从事各类投资、生产和销售活动，整个村寨颇有活力。村民收入的较快增长还带动了农民企业家群体的形成，这不仅增强了当地村民的消费能力，也让他们更有余力和能力参与管理村级公共事务。 左靖希望他团队的工作能够真正服务于当地的社区，创造合适的条件以促进村民对所居地方的公共事务的参与和管理，甚至主导以后的乡建方向，激发新的公共空间、文化和产品的生产，从而为增强翁基和其他村寨的活力提供有益的思考和行动。对所有从事地方营造项目的积极者来说，寻找一种可持续的发展模式，吸引社区成员参与并在最后达到他们对项目的自治经营，应该是最终目的。

景迈山古茶林景观展陈项目

主办：普洱市景迈山古茶林保护管理局

指导：安徽大学创新发展战略研究院

展览地点：云南省普洱市澜沧县惠民镇翁基村、糯干村、景迈村、芒景村

项目负责：左靖

文字：左靖、王彦之、周一、缪芸、王美钦

艺术家：何崇岳、李国胜、李朝晖、刘庆元×huangyangdesign、骆丹、慕辰、翁洼雨林探索、榆木、曾年

影像记录：张鑫、张红、徐菡、张海

村民影像：苏玉亩、丹依章

历史文献：李旻果

音乐文献：张兴荣

摄影：朱锐、张鑫、张红

绘图：姜丽、冯芷茵

视觉设计：杨林青工作室、一成设计事务所、意孔呈像、老许、邵琳

建筑设计：梁井宇×场域建筑（叶思宇、周源）

室内设计：沈润、张一成

展陈设计：studio10

产品包装设计：PAY2PLAY、纸贵

参展品牌：茶靈、柏联普洱、澜沧古茶、与点×离村、百工、芒景村茶户品牌

傣文翻译：岩糯叫、康朗香帕、玉腊

英文翻译：唐欧阳

项目主管：蒲佳

工作小组：蒲佳、王彦之、周一、张红、张鑫、朱锐、胡京融、夏天、罗轶群、荣科、罗嘉敏、刘展辉

鸣谢：陈耀华、胡剑荣、邹怡情、苏国文、李旻果、张丕生、张德元、何秋生、芮必峰、左应华、岩柯、郑军、李开富、李剑波、南康、王国慧、覃延佳、宁二、魏小石、宋群、解立、茶灵文化艺术中心

特别鸣谢：景迈山全体村民

景迈山项目参加展览

另一种设计 · 景迈山

策展人：刘庆元、谢安宇

深圳华 · 美术馆

2018年6月30日—9月2日

中国艺术乡村建设展 · 景迈山

策展人：方李莉

北京中华世纪坛

2019年3月23日—4月7日

景迈山

策展人：左靖

云南省澜沧县惠民镇

2019年10月22日—10月25日

景迈山：关于地方的想象

策展人：左靖　王彦之

碧山工销社（西安）

2021年12月1日—2022年2月28日

景迈山：关于地方的想象

策展人：左靖　王彦之

北京ICI知造局

2023年9月22日—10月22日